その一方、暑さや精神的なストレスに弱く、自らをかんで自傷してしまう自咬症を引き起こすことがあります。したがって、飼育にはしっかりと愛情をもって、静かな環境を用意して、精神的にも安心できるように接することが大切です。

フクロモモンガは我が国ではペットとしての歴史はそれほど長くなく、食事や病気などを含め情報がとても少ないのが現状です。本書制作にあたり、尊敬する格闘家でフクロモモンガ研究家の升水翔兵さんには多大なご協力をいただきました。フクロモモンガをこれから飼いたい方やすでに飼われている方に向け、今までわかっていること、飼育管理から最期の看取りまで55のポイントを1冊にまとめました。

本書をきっかけにフクロモモンガが健康で長生きできる一助になれば監修者としてこれほど嬉しいことはありません。

田園調布動物病院院長
田向　健一

フクロモモンガを飼い始める前に知っておいてほしいこと

動物の飼育は楽しいことばかりではない

動物を飼うことになれば、長い時間を一緒に過ごすことになります。一緒に暮らしていく中では楽しいことばかりでなく、時には辛いこともあるかもしれません。毎日のお世話はラクなものではありませんし、病気や怪我をすれば医療費もかかります。飼育マニュアルに書かれた通りのことをやっていればいい、動物が元気に遊ぶ姿を見て「かわいい」と思っていられればいい、というわけにはいかないのです。

飼育していく中で、大変さも含めて楽しむことができるのか…飼い始める前にもう一度考えてみてください。

動物にも個性があるため、飼育方法に正解はない

飼い主である人間の性格が皆違うように、フクロモモンガにも個性があり、同一の個体は一体もいません。何を好んで食べるか、どんな遊び方が好きかなどは個体ごとに異なりますし、動物は飼い主の思い通りにいかないものです。

動物を飼育するということは、飼い主と動物の個性を掛け合わせて暮らしていくということ。個性の掛け合わせによって必要な答えは変わりますので、動物を飼育していくにあたって、確定的なもの・唯一の正解というものは無いことを理解しましょう。

本書で解説していることをヒントにして、フクロモモンガとの暮らしをぜひ楽しんでください。皆様のお力添えになれば幸いです。

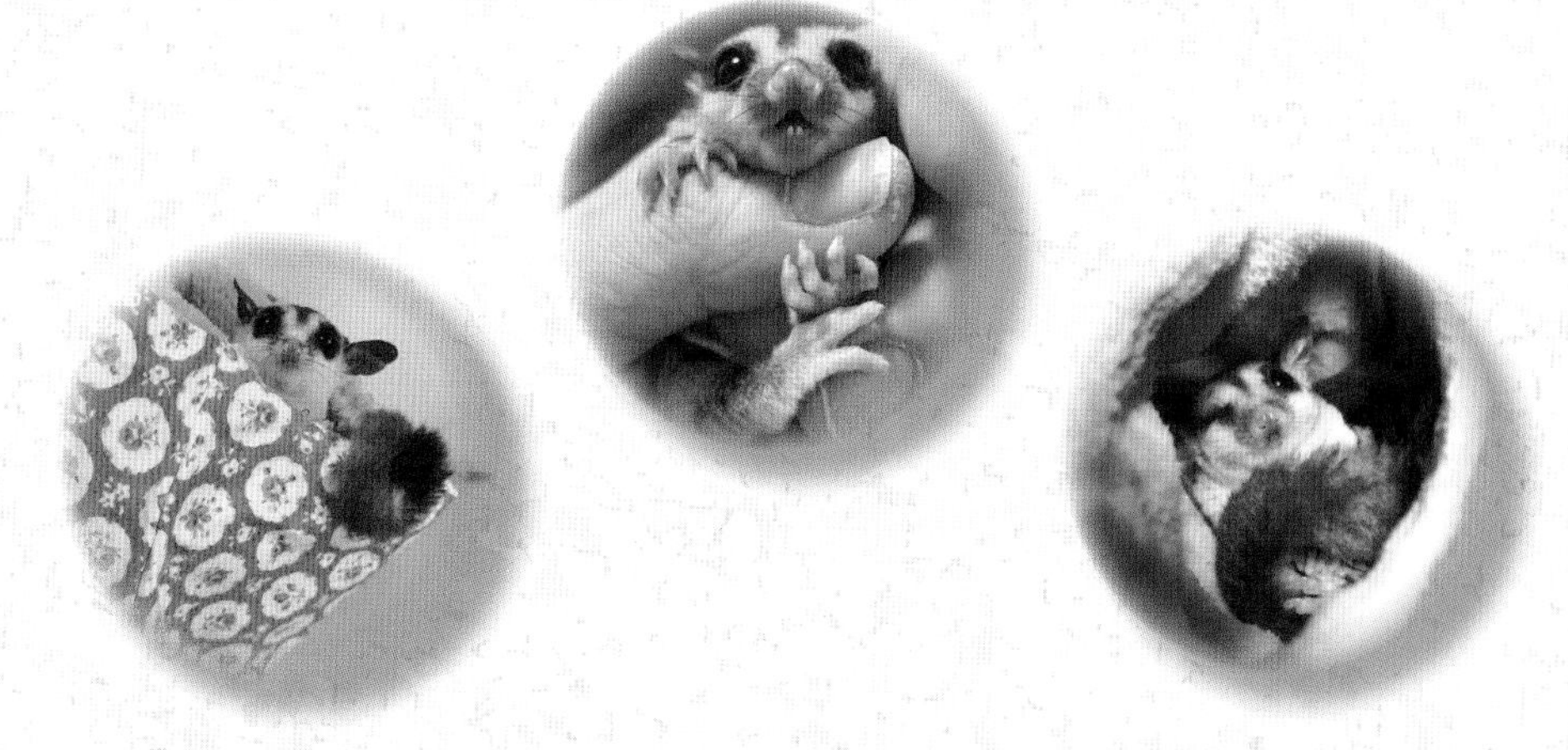

フクロモモンガ飼育バイブル　長く元気に暮らす55のポイント

※本書は２０２１年発行の『フクロモモンガ飼育バイブル　長く暮らす50のポイント』を元に加筆・修正を行い、動画の追加、書名・装丁を変更して新たに発行したものです。

目次　増補改訂版

第2章 お迎え・お世話の仕方をおさえよう
～家に迎えたあとの飼育のポイント～

※▶動画が視聴できます。

第3章 飼い方・住む環境を見直そう ～飼い方・住む環境を見直すポイント～

第4章 ふれあいを楽しもう ～お互いもっと楽しい時間を過ごすためのポイント～

▶

第5章 高齢化、健康維持と病気・災害時などへの対処ほか ～大切なフクロモモンガを守るポイント～

本書はフクロモモンガの適切な飼育法をテーマごとに紹介しています。
ポイントはもちろん、注意することや困ったときの対策などを確認し、
素敵なフクロモモンガとの暮らしを楽しみましょう。

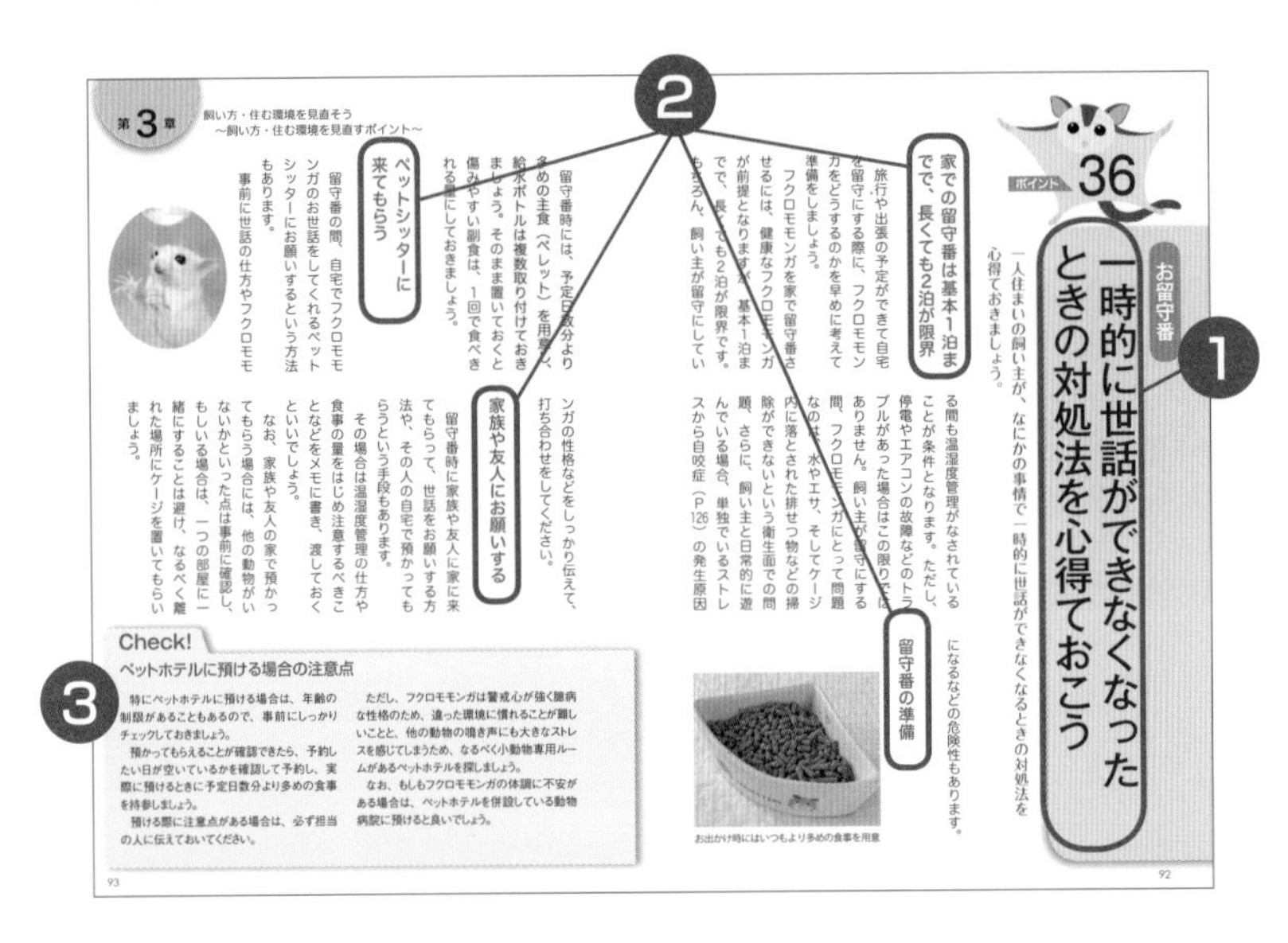

第3章 飼い方・住む環境を見直そう ～飼い方・住む環境を見直すポイント～

ポイント 36 お留守番

一時的に世話ができなくなったときの対処法を心得ておこう

一人住まいの飼い主が、なにかの事情で一時的に世話ができなくなるときの対処法を心得ておきましょう。

家での留守番は基本1泊まで、長くても2泊が限界

旅行や出張の予定ができて自宅を留守にする際に、フクロモモンガをどうするのかを早めに考えて準備をしましょう。

フクロモモンガを家で留守番させるには、健康なフクロモモンガが前提となります。基本1泊までで、長くても2泊が限界です。もちろん、飼い主が留守にしている間も温湿度管理がなされていることが条件となります。ただし、停電やエアコンの故障などのトラブルがあった場合はこの限りではありません。飼い主が留守にする間、フクロモモンガにとって問題なのは水やエサ、そしてケージ内に落とされた排せつ物などの掃除ができないという衛生面での問題。さらに、飼い主と日常的に遊んでいる場合、単独でいるストレスから自咬症（P126）の発生原因になるなどの危険性もあります。

留守番の準備

留守番時には、予定日数分より多めの主食（ペレット）を用意し、給水ボトルは複数取り付けておきましょう。そのまま置いておくと傷みやすい副食は、1回で食べきれる量にしておきましょう。

お出かけ時にはいつもより多めの食事を用意

ペットシッターに来てもらう

留守番の間、自宅でフクロモモンガのお世話をしてくれるペットシッターにお願いするという方法もあります。

事前に世話の仕方やフクロモモンガの性格などをしっかり伝えて、打ち合わせをしてください。

家族や友人にお願いする

留守番時に家族や友人に家に来てもらって、世話をお願いする方法や、その人の自宅で預かってもらうという手段もあります。

その場合は温湿度管理の仕方や食事の量をはじめ注意するべきことなどをメモに書き、渡しておくといいでしょう。

なお、家族や友人の家で預かってもらう場合には、他の動物がいないかといった点は事前に確認し、もしいる場合は、一つの部屋に一緒にすることは避け、なるべく離れた場所にケージを置いてもらいましょう。

Check! ペットホテルに預ける場合の注意点

特にペットホテルに預ける場合は、年齢の制限があることもあるので、事前にしっかりチェックしておきましょう。

預かってもらえることが確認できたら、予約したい日が空いているかを確認して予約し、実際に預けるときに予定日数分より多めの食事を持参しましょう。

預ける際に注意点がある場合は、必ず担当の人に伝えておいてください。

ただし、フクロモモンガは警戒心が強く臆病な性格のため、違った環境に慣れることが難しいことと、他の動物の鳴き声にも大きなストレスを感じてしまうため、なるべく小動物専用ルームがあるペットホテルを探しましょう。

なお、もしもフクロモモンガの体調に不安がある場合は、ペットホテルを併設している動物病院に預けると良いでしょう。

93　92

❶ 各ページのテーマ
飼育者がもつ疑問や目的別に55のポイントでまとめられています。

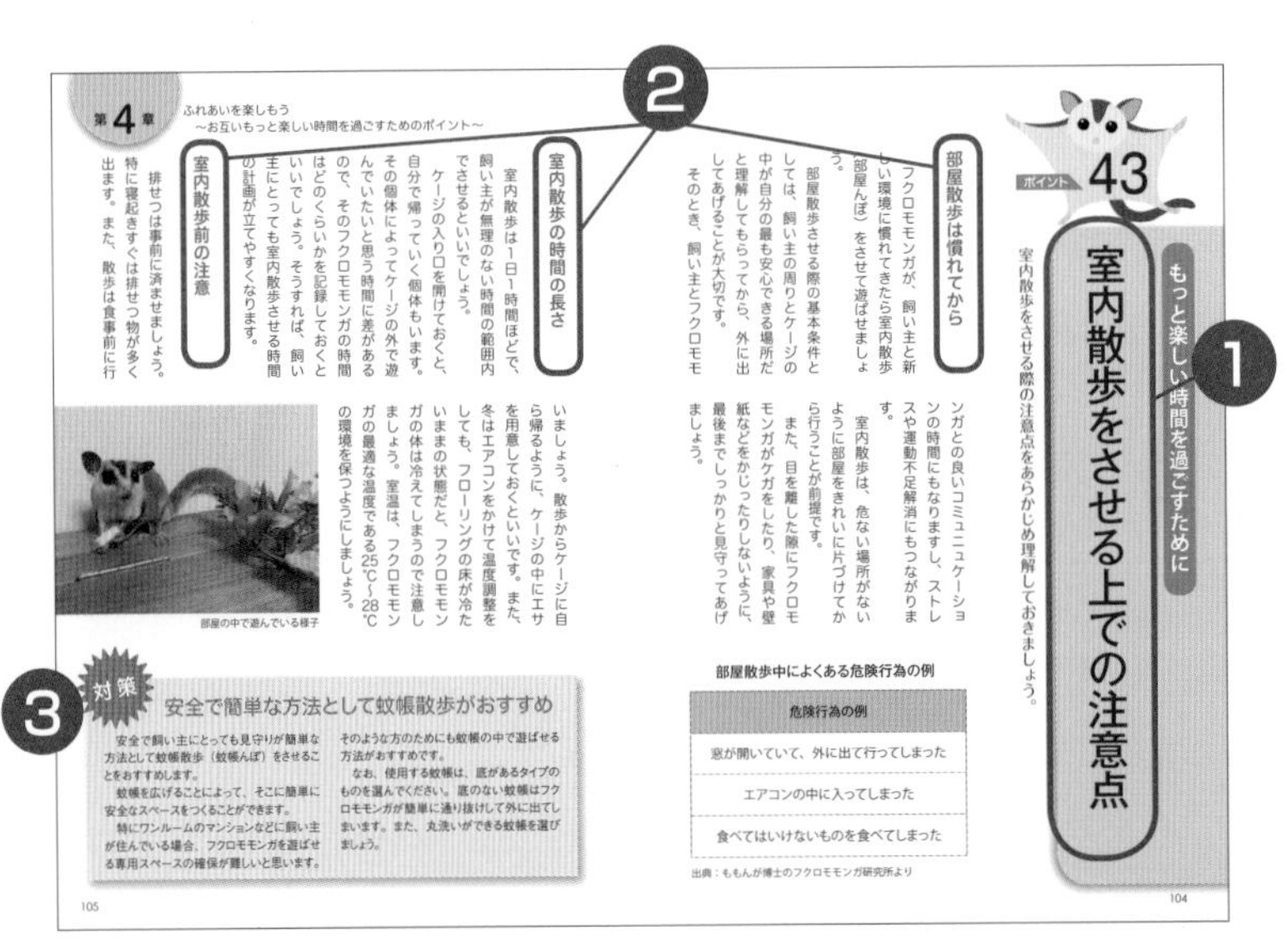

第4章 ふれあいを楽しもう ～お互いもっと楽しい時間を過ごすためのポイント～

ポイント 43 もっと楽しい時間を過ごすために

室内散歩をさせる上での注意点

室内散歩をさせる際の注意点をあらかじめ理解しておきましょう。

部屋散歩は慣れてから

フクロモモンガが、飼い主と新しい環境に慣れてきたら室内散歩（部屋んぽ）をさせて遊ばせましょう。

部屋散歩させる際の基本条件としては、飼い主の周りとケージの中が自分の最も安心できる場所だと理解してもらってから、外に出してあげることが大切です。

そのとき、飼い主とフクロモモンガとの良いコミュニケーションの時間にもなりますし、ストレスや運動不足解消にもつながります。

室内散歩は、危ない場所がないように部屋をきれいに片づけてから行うことが前提です。

また、目を離した隙にフクロモモンガがケガをしたり、家具や壁紙などをかじったりしないように、最後までしっかりと見守ってあげましょう。

部屋散歩中によくある危険行為の例

危険行為の例
窓が開いていて、外に出て行ってしまった
エアコンの中に入ってしまった
食べてはいけないものを食べてしまった

出典：ももんが博士のフクロモモンガ研究所より

室内散歩の時間の長さ

室内散歩は1日1時間ほどで、飼い主が無理のない時間の範囲内でさせるといいでしょう。

ケージの入り口を開けておくと、自分で帰っていく個体もいます。その個体によってケージの外で遊んでいたいと思う時間に差があるので、そのフクロモモンガの時間はどのくらいかを記録しておくといいでしょう。そうすれば、飼い主にとっても室内散歩させる時間の計画が立てやすくなります。

室内散歩前の注意

排せつは事前に済ませましょう。特に寝起きすぐは排せつ物が多く出ます。また、散歩は食事前に行いましょう。散歩からケージに自ら帰るように、ケージの中にエサを用意しておくといいです。また、冬はエアコンをかけて温度調整をしても、フローリングの床が冷たいままの状態だと、フクロモモンガの体は冷えてしまうので注意しましょう。室温は、フクロモモンガの最適な温度である25℃～28℃の環境を保つようにしましょう。

部屋の中で遊んでいる様子

対策 安全で簡単な方法として蚊帳散歩がおすすめ

安全で飼い主にとっても見守りが簡単な方法として蚊帳散歩（蚊帳んぽ）をさせることをおすすめします。

蚊帳を広げることによって、そこに簡単に安全なスペースをつくることができます。

特にワンルームのマンションなどに飼い主が住んでいる場合、フクロモモンガを遊ばせる専用スペースの確保が難しいと思います。

そのような方のためにも蚊帳の中で遊ばせる方法がおすすめです。

なお、使用する蚊帳は、底があるタイプのものを選んでください。底のない蚊帳はフクロモモンガが簡単に通り抜けして外に出てしまいます。また、丸洗いができる蚊帳を選びましょう。

105　104

❷ 小見出し
テーマに対する具体的な内容を、2～7つの視点で解説しています。

❸ Check! もしくは対策

そのテーマによって「Check!」もしくは「対策」のコーナーを設けております。
Check! は、テーマに対する注意点を中心に紹介しております。
対策は、テーマに対して打つべき対策を中心に紹介しております。

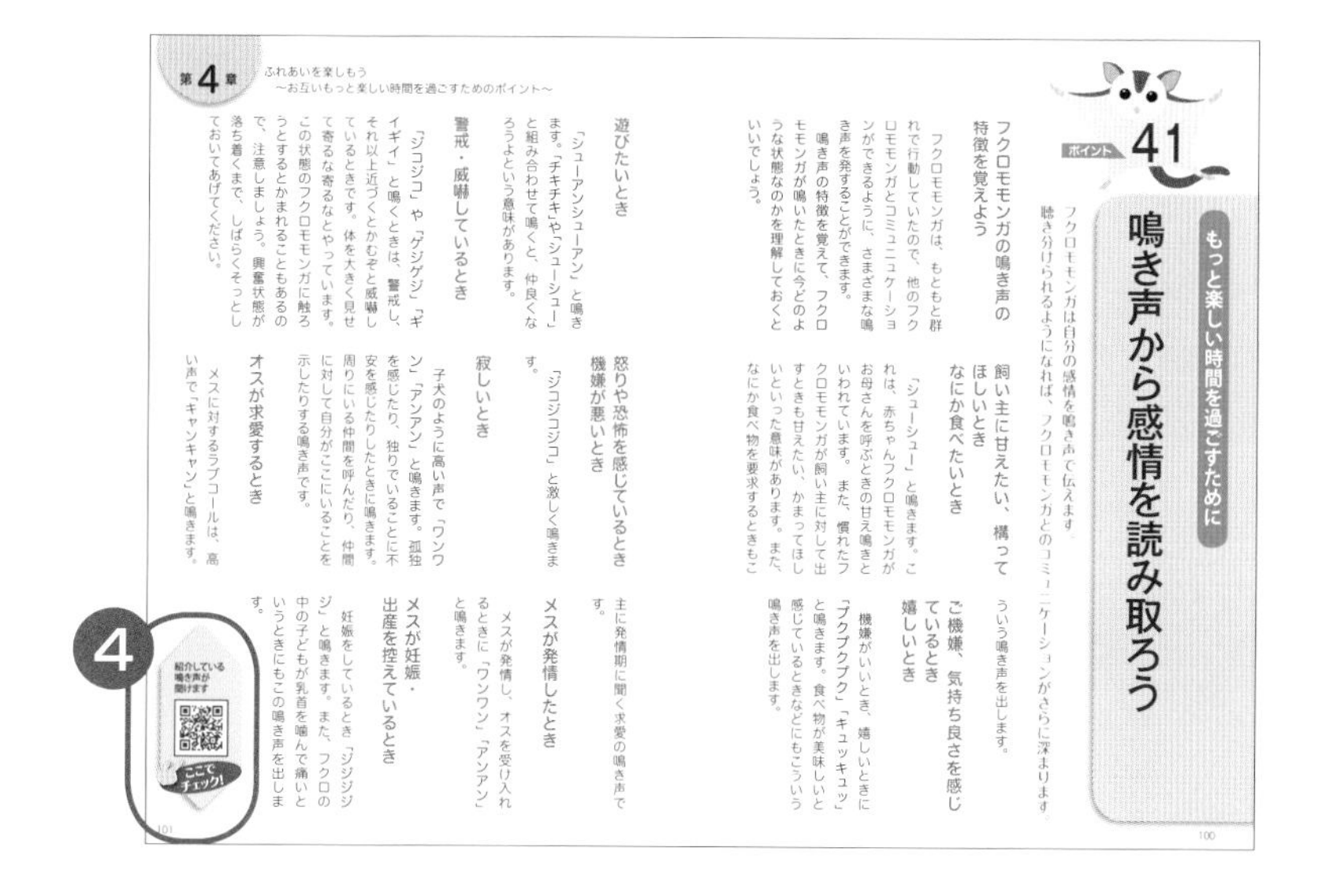

ポイント 41

もっと楽しい時間を過ごすために

鳴き声から感情を読み取ろう

フクロモモンガは自分の感情を鳴き声で伝えます。聴き分けられるようになれば、フクロモモンガとのコミュニケーションがさらに深まります。

フクロモモンガの鳴き声の特徴を覚えよう

フクロモモンガは、もともと群れで行動していたので、他のフクロモモンガとコミュニケーションができるように、さまざまな鳴き声を発することができます。

鳴き声の特徴を覚えて、フクロモモンガが鳴いたときに今どのような状態なのかを理解しておくといいでしょう。

飼い主に甘えたい、構ってほしいとき なにか食べたいとき

「シューシュー」と鳴きます。これは、赤ちゃんフクロモモンガがお母さんを呼ぶときの甘え鳴きといわれています。また、慣れたフクロモモンガが飼い主に対して出すときも甘えたい、かまってほしいといった意味があります。また、なにか食べ物を要求するときもこういう鳴き声を出します。

ご機嫌、気持ち良さを感じているとき 嬉しいとき

機嫌がいいとき、嬉しいときに「プクプクプク」「キュッキュッ」と鳴きます。食べ物が美味しいと感じているときなどにもこういう鳴き声を出します。

100

遊びたいとき

「シューアンシューアン」と鳴きます。「チキチキ」や「シューシュー」と組み合わせて鳴くと、仲良くなろうよという意味があります。

警戒・威嚇しているとき

「ジコジコ」や「ゲジゲジ」「ギイギイ」と鳴くときは、警戒し、それ以上近づくとかむぞと威嚇しているときです。体を大きく見せて寄るな寄るなとやっています。この状態のフクロモモンガに触ろうとするとかまれることもあるので、注意しましょう。興奮状態が落ち着くまで、しばらくそっとしておいてあげてください。

怒りや恐怖を感じているとき 機嫌が悪いとき

「ジコジコジコ」と激しく鳴きます。

寂しいとき

子犬のように高い声で「ワンワン」「アンアン」と鳴きます。孤独を感じたり、独りでいることに不安を感じたりしたときに鳴きます。周りにいる仲間を呼んだり、仲間に対して自分がここにいることを示したりする鳴き声です。

オスが求愛するとき

メスに対するラブコールは、高い声で「キャンキャン」と鳴きます。主に発情期に聞く求愛の鳴き声です。

メスが発情したとき

メスが発情し、オスを受け入れるときに「ワンワン」「アンアン」と鳴きます。

メスが妊娠・出産を控えているとき

妊娠をしているとき「ジジジジ」と鳴きます。また、フクロの中の子どもが乳首を噛んで痛いというときにもこの鳴き声を出します。

101

❹ スマホで視聴できる二次元コード

※二次元コードについては、お手持ちのスマートフォンやタブレット端末のバーコードリーダー機能や二次元コード読み取りアプリ等をご活用ください。

※機種ごとの操作方法や設定等に関するご質問には対応しかねます。その他、サーバー側のメンテナンスや更新等によって、当該ウェブサイトにアクセスできなくなる可能性もあります。ご了承ください。

※動画の視聴には、別途通信料等がかかります。また、視聴される環境によっては再生できない場合もございますのでご注意ください。

※さまざまなフクロモモンガの様子をお楽しみください。

第1章

フクロモモンガとの暮らしの基本を見直そう

～お迎えの準備のポイント～

フクロモモンガの基本知識

もう一度見直したい フクロモモンガの特徴と注意点

外来種であるフクロモモンガは日本ではまだ飼った経験のない人が多い動物です。歴史や習性を紐解くことでその素顔を探ってみましょう。

野生の原種の生息地

野生のフクロモモンガは、現在オーストラリアの北東部、南部（タスマニア島を含む）、ニューギニア島の森林に生息しています。

自然環境化では、フクロウなどの猛禽類やヘビやトカゲ類などの肉食の爬虫類、同じく有袋類の肉食獣であるフクロネコやタスマニアデビル（タスマニア島に生息）、そのほか外来種のネコ、キツネなどが捕食者となります。

なお、同じモモンガと名が付くげっ歯類のモモンガ、タイリクモモンガ（アメリカモモンガなど）がいますが、有袋類とは全く違います。

本書は有袋類のフクロモモンガを取り扱います。

群れで活動

野生でのフクロモモンガは家族

食事の様子

を中心とした6～10匹の群れをつくって生活しています。

そして、仲間同士でのコミュニケーションは、主に鳴き声と臭いで行います。複数間でコミュニケーションをとることで、フクロモモンガにとって精神的なストレスが減るともいわれています。

警戒心が強く縄張り意識も強い

もともと肉食動物から狙われる被捕食動物であるため、警戒心が強いです。

また、縄張り意識も強く、群れの仲間同士では争いがあっても威嚇程度で済むことが多いのですが、群れ以外の者に対しては排他的な行動に出て、ときには激しい争いとなります。

雑食性

フクロモモンガは、ユーカリやアカシアの樹液や花粉、花蜜を好み、大きく前に突き出た下の歯2本の門歯（もんし）（切歯）で樹皮をはがして樹液を舐めたり、花から蜜を吸いとったりします。英名の「Sugar glider」は、「甘いものが好きな滑空者」という意味です。

その他には、果汁や昆虫類なども大好きです。また、ときには小さな爬虫類や鳥のヒナ、卵や小型の哺乳類なども食べています。

Check!

フクロモモンガは夜行性

野生のフクロモモンガは、日が暮れると巣から出てきて食べ物を探し回ります。飼育下においても、夜行性ですので、昼間は寝ていて、夕方もしくは夜になると活発に動き出します。

したがって、食事や遊びは夕方から夜にかけて毎日同じ時間に設定してあげましょう。そのように習慣化すれば、その生活リズムに慣れてきて、毎日ある程度決まった時間に起床させることが可能です。

ただし、深夜から朝にかけて動き回っているため、逆に人の睡眠が邪魔されないように飼い方には工夫が必要です。

カラーバリエーション

ここでは、数あるカラーバリエーションの中から主な5種を紹介します。

ノーマル

よく見られるごく一般的なフクロモモンガの毛色です。原種に最も近い色です。ノーマルの色の特徴となる黒い線と薄茶色の毛色は、個体によって差があります。黒い線以外の部分で、茶色に近い毛色から灰色に近い毛色まであります。

スタンダードやクラシックと呼ばれることもあります。

モザイク

色の名称ではなく、腹部を除く体の一部に白色の毛色が入っている個体のことをモザイクと呼びます。白色の大きさは不規則でさまざまな模様のパターンがあります。モザイクは尻尾の毛色によって「ホワイトテール」「リングテール」「リバースストライプ」と名称が変わります。

リューシスティック

ノーマルを全体的に薄くし、全体的に明るい銀色が特徴です。ストライプは、明るい灰色がかった茶色で、他の種類のフクロモモンガのものよりも細いのが特徴的です。

プラチナ

全身真っ白な毛並みと大きくて黒い目が特徴です。毛色は、真っ白なものから少し黄色みを帯びたものなど個体によって差があります。

クリミノ

クリームアルビノの略称です。その名の通り全体的な体毛はクリーム色で、赤みを帯びた目をしています。薄茶色がかったストライプが走っています。なお、クリミノの全体的な毛色は個体によって薄茶色に近い毛色から白色に近い毛色まで、さまざまな個性があります。

その他近年では、新しい色・模様の個体も誕生していますが、まだ統計学的な健康寿命や生存率の検証はなされていません。ですので、特にフクロモモンガの飼育初心者の方には、ここで紹介されている種類の個体を飼育することをおすすめいたします。

フクロモモンガの基本知識

フクロモモンガは臭いにとても敏感。日頃から清潔な環境の臭いに慣らすことが大切

フクロモモンガの体の各部の働きを知って生活を知りましょう。その主な機能と特徴をご紹介します。

視覚

顔の両脇に大きく突出した丸い目を持ちます。明るい場所ではそれほどの視力はありませんが、暗い場所では良く見えます。それは、眼球に輝板（タペタム／眼球内にある光を反射する薄い膜）があり、その働きでどんな暗闇でもわずかな光があればものを見ることができるのです。

聴覚

聴覚がとても発達しており、食物となる虫のかすかな音や、天敵となる肉食動物などが近づいてくる際の音を察知します。離れたところでの人の声も聞き分けることができます。騒がしい場所ではストレスを感じやいのですが、だからと言ってあまりに静かすぎることも良くありません。騒がしすぎず、静かすぎない環境が適切です。

嗅覚

特に嗅覚が発達しており、群れの仲間を認識する際には臭い付け行動（ポイント1参照）からもわかるように、臭いが大変重要な役割をもっています。しかし、飼育環境下においては、お互い快適に暮らしていくためには、清掃を毎日欠かさず行い、清潔な環境の臭いに慣らすことが大切です。

ひげ

重要な感覚器官です。樹洞の入り口の広さや物の大きさ、道やすき間などの幅を測る役割を持っています。

飛膜

前足の小指から後ろ足の親指、尾の付け根から後ろ足の小指にかけて飛膜があります。柔軟でよく伸び縮みします。

尾

木を登った際にバランスをとったり、滑空するときに舵の役割をしたり、巣づくりの際の巣材運びに役立つ尾があります。長さは体と同じくらいあります。

育児嚢

メスには育児嚢があります。巾着(きんちゃく)のような形状で、中には４つの乳頭があります。

ノーマルを正面から

斜め横、尾が長い

身体の平均値

体の大きさ

頭胴長 12cm ～ 15cm

尾長 14cm ～ 16cm

体　重

オス：平均 110g

メス：平均 90g

寿　命：約 8 ～ 12 年

フクロモモンガの基本知識

その後のお付き合いを考えて、どこからお迎えするかを考えよう

フクロモモンガをお迎えするには、ペットショップやブリーダー、里親募集、知人に譲ってもらうなどの方法があります。

自分はどのように飼いたいのかを考えておこう

どこからお迎えするかを考えることは大切ですが、その前に自分はどのように飼いたいのか、飼えるのかを考えておくことが大切です。

この項で紹介しているように、お迎えする先によってそれぞれ特徴があります。そのことを踏まえた上で、自分の飼育環境はどうなのか、飼育の熟練度はどうか、どのように飼育したいのか（よく触ったりコミュニケーションを取ったりしたいのかどうかで性別の選択や、単頭飼育か多頭飼育かも分かれる／ポイント4・6参照）、しっかりと考えてお迎えする先を決めてください。なお、お迎えするからにはフクロモモンガについて事前に勉強しておくことも大切です。

ペットショップからお迎えする場合

ペットショップからフクロモモンガをお迎えする方法が最も一般的です。親身になって対応してもらえるペットショップを選ぶと飼育前のアドバイスももらえて、あとでなにか困ったことが起きても質問や相談などができてとても安心です。

また、ケージやエサ、飼育グッ

ズを一緒に購入できるというメリットがあります。

ブリーダーからお迎えする場合

離乳するまで親や兄弟と一緒に住んでいるフクロモモンガをお迎えしたい場合や、2匹以上の飼育を検討している場合は、多頭飼育をしているブリーダー（人柄として相談しやすい人）からお迎えすることをおすすめします。

屋外の移動に慣れていないフクロモモンガのために、移動するのにあまり時間がかからないように、なるべく自宅の近くでお迎えするようにしましょう。

里親募集でお迎えする場合

里親募集の場合は、事前に有料なのか無料で譲ってもらえるのかを確認する必要があります。譲ってもらうときに個体の性格や個性についても詳しく話を伺っておきましょう。

また、受け渡し方法をどうするかも事前にしっかり確認して、お迎えの準備をしましょう。

Check!

お迎えするときの飼い主の心構えと知っておくべきこと

お迎えする際にフクロモモンガを不幸にしないためにも、以下の心構えが飼い主にあるかどうかをチェックしましょう。

□必須の飼育アイテムを買い揃えるのにお金がかかる
□日々の温湿度管理に電気代などがかかる
□毎日掃除が必要
□慣れるのに時間がかかる
□毎日かまってあげる時間を必要とする
□寿命が 10 年前後ある
□夜中に騒がしい
□取り扱い可能な動物病院が見つけにくい
—など。

なお、販売業者から購入する際に、インターネット上だけのやりとりのみで、購入する動物を事前に本人に会って確認することなく輸送して届けることや、動物取扱業として登録されている住所以外の場所で本人に会って受け渡しをすることなどは動物愛護管理法（2019 年 6 月の動物愛護管理法の改正）で禁じられていることもあらかじめ知っておきましょう。

フクロモモンガの基本知識

メスはオスよりも警戒心が強い傾向がある

フクロモモンガのオスとメスの身体的特徴や基本的な性格を知っておきましょう。

オスとメスの性格の違い

性別による違いは、多くの飼い主が実際に飼育している際に感じていることとして、オスは①甘えん坊、②寂しがり屋、③好奇心旺盛、④懐っこい、という傾向を持ち、メスは、①行動が合理的、②ツンデレ（かまってほしいときだけ飼い主に近づいてくるが、そうでないときは嫌がる）、③天真爛漫（飼い主と仲良くなっても、ベタベタと甘えてくるわけではなく、飼い主の周りで好きに無邪気に遊ぶ）④警戒心強め（情報提供／モモンガ博士のフクロモモンガ研究所）であるといいます。

オスとメスの違いよりも個性を知ることが大事

オスとメスは一般的には前述したような性格的な特徴を持ちますが、フクロモモンガそれぞれの個

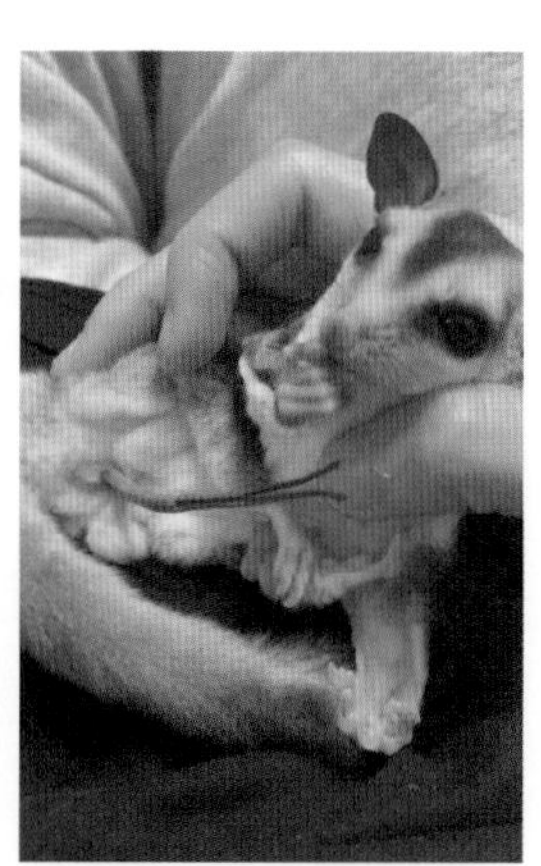
途中から二股に分かれるオスの生殖器

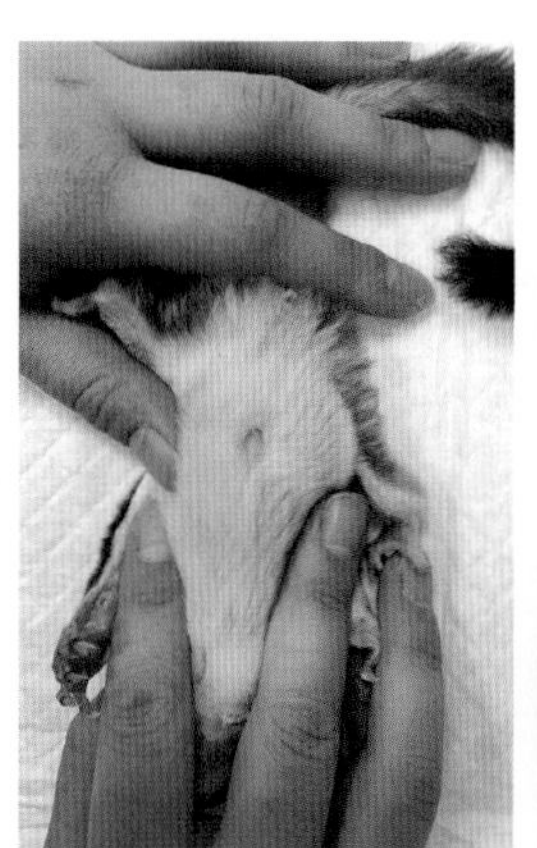
メスの育児嚢

性によっても違うことを理解しておく必要があります。

人間と同じように、オスのような性格のメスやメスのようなオスもいます。大切なことは、オスかメスかではなく、飼っているフクロモモンガの個性をしっかりと理解して付き合っていくことです。

性別の見分け方

オスは性成熟すると、臭腺の関係で頭（額）の毛が薄く禿げたようになります。（ごくまれにメスもオスと同様に禿げる個体もいます）さらに、下腹部のおへそのあたりに睾丸が入っているため膨らんでいます。メスはお腹に育児嚢があります。そのため、性別を見分けるのは容易です。

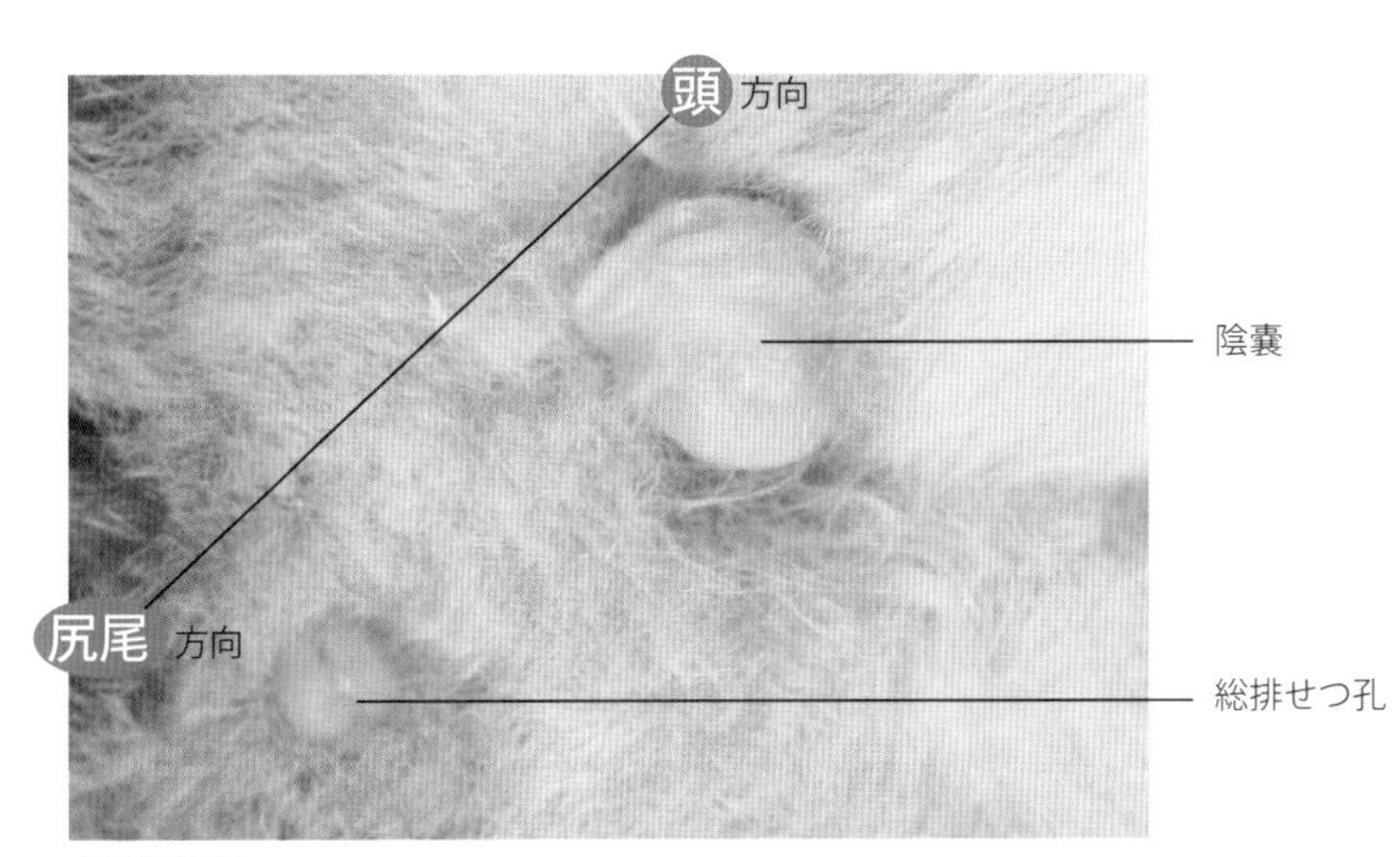

オスの性器

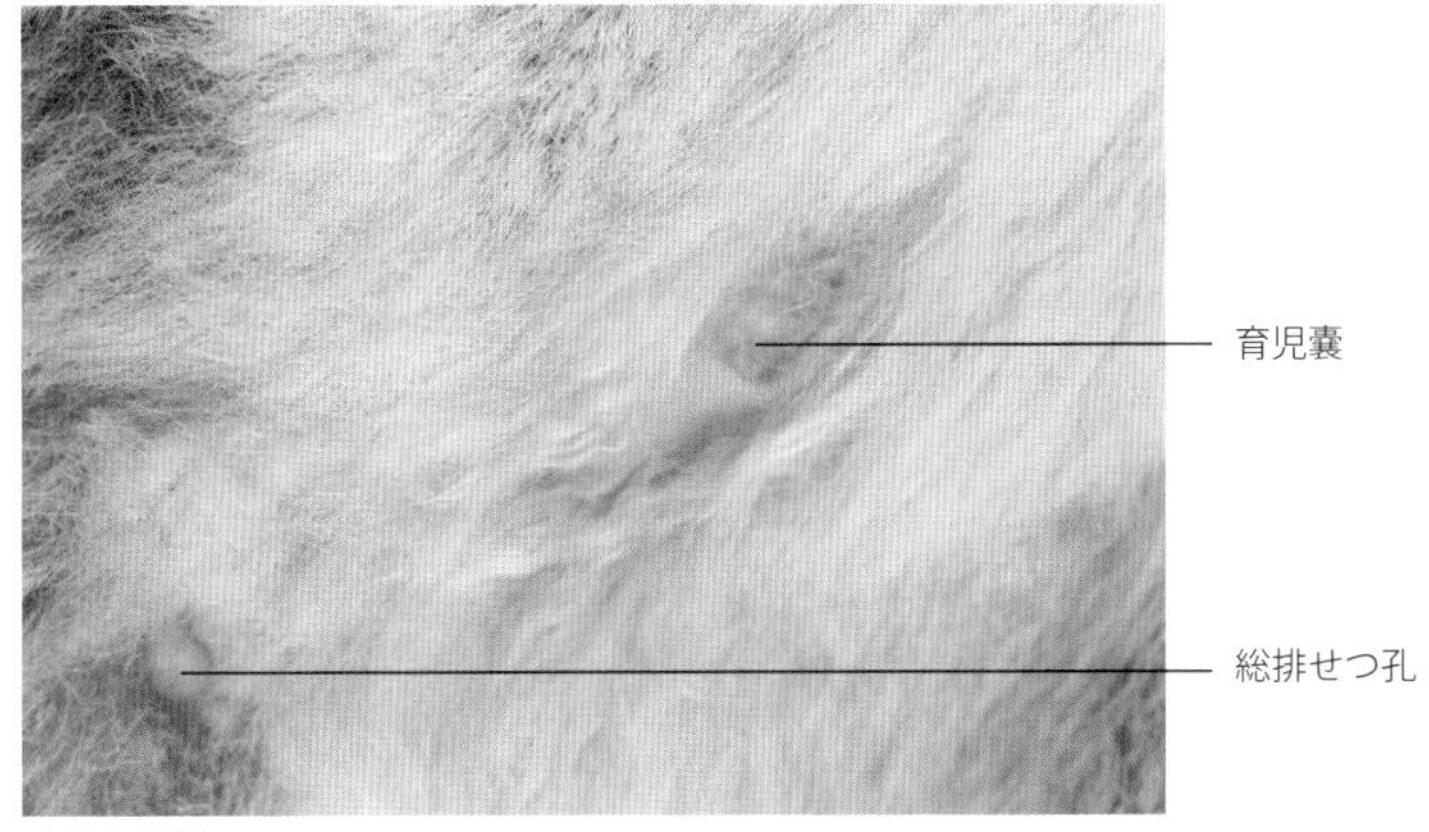

メスの性器

お迎えの準備

個体選びは、健康で元気なことが大事

できるだけ長く一緒にいたいから、健康な個体を選びたい。

ペットショップ自体のチェック

フクロモモンガだけでなく、飼育されている環境を観察することも大切です。ケージ内の清掃は行き届いているか、食事の内容や与え方はどうか、ふだんモモンガとはどのように接しているのか、特にショップの場合は、店員さんはモモン

個体選びの際のチェック

ペットショップでフクロモモンガを選ぶ際には、健康状態をよく観察し、健康な個体を選びましょう。また、健康状態をチェックする際には、夜行性のために夕方以降に行うことをおすすめします。

まずは外見からチェックしましょう。以下の項目に該当数が多いと、何らかの病気を患っている可能性があります。

健康のチェックポイント

- □目やにが出ている
- □目に輝きがない
- □涙目や乾き目になっている
- □耳の周囲や中が汚れている
- □毛並みが悪い
- □脱毛している
- □鼻水が出ている
- □口からよだれが出ている
- □食欲がない
- □体に傷がある
- □活動しているときにしっぽに力が入っていない
- □下痢をしている
- □痩せている
- □鼻や手の血色が悪い

ガについての知識が豊富かなどをチェックしましょう。

幼体を選ぶか、成体を選ぶか

お迎えには、幼体からと成体からの2通りがあります。早く慣れてほしいのであれば、個体の性格にもよりますが、幼体から育てるのが良いでしょう。

この頃からの飼育には手間がかかりますが、人に慣れていない成体は扱いにくい面があるため、特にはじめて飼う人には、脱嚢後2ヵ月程度の幼体からのお迎えをおすすめします。

なお、いずれにせよ、慣れてくれるまでは多少忍耐力を持って接することが大切です。

ペットショップやブリーダーなどを回って比較してみる

飼おうと決めたら、ペットショップやブリーダー、もしくは里親募集で実際にフクロモモンガに会いに行き、比較するのもいいでしょう。

その際は、前述のとおりフクロモモンガは昼間は寝ていることが多く、本来の性格がわかりにくいため、気になった個体がいたら夕方以降に何度か会いに行って様子を観察してみましょう。

そして実際にお迎えする際は、ポイント3の「【Check!】お迎えするときの飼い主の心構えと知っておくべきこと」の内容を確認しましょう。

Check!

飼い主のライフイベントにも注意

すでに小動物を飼ったことがある方は経験があるかもしれませんが、飼育する上では、良いことだけではなく大変に思ってしまうこともあるでしょう。

可愛いフクロモモンガと毎日の生活を楽しむためには、飼い主のライフイベントにも注意が必要です。

例えば、入学、卒業、就職、転職、転勤、異動、役職変更、引越しなど、飼い主の生活環境に変化があった場合、そのため自分のことで精一杯になり、フクロモモンガのお世話を怠りがちになってしまいかねません。人生の中では、そうしたさまざまな生活環境の変化が発生することは否めないことですので、飼うと決めたら、あらかじめ覚悟を決めて、いかなるときでもフクロモモンガの生命を預かっている飼い主としての自覚を忘れずに、しっかりとお世話をしていきましょう。

お迎えの準備

飼い主が飼育に慣れていないうちは単頭飼育で

フクロモモンガの飼い方は、飼い主次第です。

フクロモモンガの飼育に慣れていないうちは単頭飼育がおすすめ

単頭飼育をするか多頭飼育をするかは、基本的に飼い主がどのように飼えるのかによります。例えば、1日のうちで比較的よく触れたり話しかけたりできるのであれば、単頭飼育をおすすめします。逆に、あまりそうしたことができないようであれば、仲間同士でコミュニケーションを取り合える多頭飼育がいいでしょう。本来フクロモモンガは群れで生活する動物ですので、仲間のいる環境を好むからです。

しかし、飼い主が飼育に慣れないうちは、まずは単頭飼育をすることをおすすめします。

単頭飼育している間に、フクロモモンガの特徴を知り、お世話するコツを覚えてから多頭飼育をしましょう。

多頭飼育の場合は個々の相性を見極めよう

ふだんおとなしいからといって、縄張り意識や上下関係（序列）への意識が無いわけではありません。同じケージの中では、特にオス同士は、縄張り意識が

2匹のプラチナ

強く出た場合にはケンカを始めることがあります。

また、メス同士や親子間、相性の合わない者同士にもケンカは見られます。ですので、最初から同じケージに入れることは、危険があるので控えましょう。

多頭飼育が物理的にできるかどうかも見極めが大事

多頭飼育しようとする場合、最初はケージを隣同士にしてお互いの様子を観察することから始めるのがベターです。

そのため、複数のケージを持つ必要があったり、一緒にしたときには広めのスペースを確保したりする必要があります。また、毎日の掃除の手間はその頭数に応じて2倍、3倍となっていきます。

さらに、飼い主がアパートなどの共同住宅に住んで飼育する場合は、鳴き声などの音や臭いなども近隣に迷惑がかからないかを見極める必要があります。

同居の組み合わせ

同居をさせてうまくいくのは、基本的にはメス同士です。

もちろん前述のように相性をよくチェックしてから同居させるのが無難です。

異性同士を一緒にしてしまうと血が繋がっていても交尾をしてしまうので、繁殖を望まない場合は必ずケージを分けて飼育をするか、または去勢したオスとメスをペアにして飼育しましょう。

対策 フクロモモンガを一人暮らしの人が飼う場合

動物が好きで、一人暮らしの飼い主がフクロモモンガを飼育している場合もあります。

一人暮らしで飼う場合は、フクロモモンガとコミュニュケーションをとる時間をできるだけつくってあげる必要があります。

フクロモモンガの飼育にはお互いのコミュニケーションが欠かせません。飼い主は、それをしてあげる責任を負わなければなりません。エサ代や飼育用品を買い揃えるための費用や、病気になったら病院に連れて行く時間と費用もかかります。また、どんなに疲れて家に帰っても、毎日の掃除や食事を与えるなどの世話をしなければいけません。夏場や冬場は 24 時間エアコンをつけて部屋の温度調整を行う必要があります。

一人暮らしの人の場合に限りませんが、最後まで大切に面倒を見ることができるのか、よく考えてから飼育しましょう。

ポイント 7

お迎えの準備

ケージは高さと広さがあるものを選ぼう

ケージを準備して、楽しく安全にお迎えしましょう。

成体をお迎えした場合は高さと広さのあるものを選ぶ

野生では、フクロモモンガはエサを求めて木に登ったり下りたり、滑空したりと上下平行移動を活発に行っています。飼育される中では野生下ほどの自由度はありませんが、フクロモモンガにとってある程度の運動量を確保できるようなケージであることが絶対条件となります。ケージの大きさの目安としては、縦60㎝〜1m、横40〜80㎝がいいでしょう。

ケージの素材の選択も飼い主次第です。ケージの周りをあまり汚したくないのならアクリル製のもの、金網につかまって上下に活発に活動している姿が見たければ金網製のものがいいでしょう。

ではここで金網製とアクリル製のメリット・デメリットについて説明致します。

金網製のケージの例
「イージーホーム　ステンレス40ハイ-WH」(SANKO)
(W435 × D500 × H620mm(外寸))

金網製の場合は錆びにくく網の目が細かいケージが安心

金網製のメリットは、通気性が良い、値段が安い（アクリル製に比べて）、寒い季節に暖房器具が取り付けやすい、といった点が挙げられます。しかしその反面、食べかすや尿、フンが外に飛んで周囲を汚したり、臭いが周囲に漏れたり、金属自体が錆びるといったデメリットがあります。特に金網はステンレス製など、錆びにくいものがおすすめです。

また、フクロモモンガが脱走してしまうことのないように、網の目が細かいものを選ぶと安心です。さらに、脱走しないようにナスカンで出入口をロックするといいでしょう。

アクリル製の場合は特に通気性に注意

アクリル製のメリットは、保温効果がある、食物や排せつ物、臭いが外に出にくい、掃除がしやすいといったメリットがあります。

しかしその反面、熱がこもりやすい、冬場などで使用するヒーターに注意が必要となる、さらに金網製と比べると通気性が悪いなどの点が挙げられます。そした面も考慮したうえで購入しましょう。

出入口が大きいケージは掃除が便利

巣箱やエサの容器の出し入れがしやすい出入口が大きめなケージは、掃除するときに便利なのでおすすめです。正面入り口以外にも天井が開くタイプのものはケージの上部のものを取り出しやすいです。底トレーを引き出せるタイプのものやケージにキャスターがついているタイプのものも掃除のときに使いやすくていいでしょう。

対策 幼体をお迎えした場合はアクリル製のケージでの飼育がおすすめ

まだ赤ちゃんなど幼体のうちにお迎えした場合は、金網製のケージを使用すると外気の温度に左右され、寒い日には、特に寒さに弱い幼体の体調に影響を及ぼします。そのため、保温効果のあるアクリル製のケージに入れて飼育することをおすすめします。

なお、アクリル製のケージが準備できなければ、昆虫用のプラスチックケース、衣装ケースをケージ代わりにして使うこともできます。しかし、特に衣装ケースの場合には何点かの注意が必要です。温度や湿度には注意する必要があります。天井を網にして風通しを良くすることはもちろん、構造的に空気がこもりがちなので、通気口（空気穴）が必要です。また、置き場所も注意が必要です。直射日光などの当たらない場所で、かつエアコンの風が直接当たらない場所に置きましょう。湿度が高すぎる浴室の近くはNGです。

お迎えの準備

ケージの中には必要なものを準備してあげよう

ケージの中には、ハウスやエサ入れ、給水器、季節対策グッズ、遊具、床材などは必ず用意しておきましょう。

身を隠して安心な場となるハウスや寝袋

フクロモモンガはとっても臆病で警戒心の強い性格のため、身を隠す巣箱（寝床）を必要とします。隠れて安心する場所です。

ですので、ケージの中には必ずハウスや寝袋を入れてあげましょう。この場所がないと、日々の生活の中で大きなストレスとなります。また、本来は樹上で生活する動物なので、ハウスや寝袋はケージの高い位置に設置しましょう。

エサ入れや給水器は置き場がポイント

エサ入れは毎日取り出す必要があるため、ケージの入り口など出し入れしやすい場所に置きます。給水ボトルは飲みやすい位置に設置し、いつでも新鮮な水が飲めるようにしましょう。

なお、給水皿のように床に置くタイプだと容器の中に排せつ物が入ったりするなど不衛生な状態になりますので、ケージに掛けるタイプのガラス製の給水ボトルがおすすめです（ポイント18参照）。

暑さ寒さに対応する季節対策グッズ

フクロモモンガの飼育には、温度や湿度を最適な状態に保たなければなりません（ポイント19参照）。

特に初春、梅雨の時期、夏、冬の対策は大事です。専門メーカーなどからそれぞれに対応した季節対策グッズ（ポイント10参照）が販売されていますので、それらを使って快適な暮らしを維持できるようにしましょう。

登り木や遊具を設置しておく

運動不足の解消やストレスの緩和のため、ケージの中は、ある程度移動したり、遊んだりすることができる空間にしておくことが大切です。

そのためには、あらかじめ登り木や遊具を準備（ポイント11参照）して、ケージ内のレイアウトを工夫して設置しておきましょう。

床材を敷いておく

ケージに敷くものも大切なグッズです。毎日掃除する必要があるので、フクロモモンガにとって良いものを選ぶことはもちろんのこと、飼い主が管理しやすいものを選ぶことも大事です。

これには主にペットシーツや木材のチップ、トイレ砂を使う方法があります。使いやすい床材を選びましょう（ポイント10参照）。

対策 トイレを覚えないが、ある程度コントロールできる！

フクロモモンガはもともと樹上で生活する動物であるため、排せつは尿意や便意をもよおしたら場所や時間に関係なく、すぐにその場でしてしまいます。ただし、タイミングや癖づけをすることによって飼い主がある程度コントロールすることは可能です。

癖づけには、小さい時期からという条件に加えて、飼い主にどこを触られても大丈夫な慣れた個体に限ります。トレーニング法としては、フクロモモンガの習性を利用します。そのポイントは次の2つだけです。一つ目は、寝床のポーチから出したタイミングでお尻の穴を軽くツンツンと突いてあげます。二つ目のポイントは、そのときに「シーシー」と声をかけることです。これによって排便のタイミングをある程度コントロールできるようになります。

このことが難しい方は、ケージから出したときにシーツのうえでおやつを食べさせ、そこで排せつをさせるという方法もあります。毎日行って習慣化させることが大切です。なお、臭い付けのために、好きな場所に少量のおしっこをかける行為はコントロールできません。

フクロモモンガの基本知識

ケージの中には本能を刺激する飼育グッズを取り入れよう

遊具は、本来のフクロモモンガ目線で本能を刺激するものを入れてあげましょう。

臭い付けできるものを入れる

フクロモモンガは本能的に臭い付けをする動物です。臭い付けの目的は、自分のテリトリーを確立して他の個体にその領域を示すテリトリーマーキングであったり、自らの警戒心を解いて安心感を得るためであったりさまざまです。日常的に行います。そのため、爪のかかりにくい布製のハンカチやタオル、または布製のフクロモモンガ用の寝床などを入れておいてあげると良いでしょう。

汚してもいいハンカチなど

布製のフクロモモンガの寝床

かじれる・壊せるものを入れる

かじり木や木の枝などを入れてあげるといいです。ものをかじることが遊びの一環として行われます。このことにより、彼らは自然な行為である噛みたい欲求を満たすとともに、家具や電気配線などの危険なものを噛んでしまう回数を減らす事が期待できます。

かじり木を入れても危険なものを噛んでしまうことを完全に防止することはできませんので、噛んで欲しくない場所は噛めないようにコーティングをするか、バリケードなどで入れないようにするか対策をしましょう。

リンゴの木の枝

樹皮が剥けるものを入れる

フクロモモンガの下顎切歯（前歯）は木の皮を剥く役割があります。野生下ではその歯を使って樹液や樹脂を舐めます。この行為も本能に根ざした行為です。ケージには、パパイヤ、リンゴの木、などの枝や葉の茎、木の皮を入れておくといいでしょう。

狩り本能を刺激する仕掛け

現実的には難しい仕掛けとなります。何が難しいかと言えば、食べものを隠してもすぐに臭いで発見されてしまうからです。では、そもそもこの試みはムダかというと、実はポイントは別のことにあります。これはひと手間かける、例えば、開けるまたは掻き出してからでないとその食べものを口にすることができないという仕掛けをつくることです。

（出典 【フクロモモンガ飼育方法】ケージの中には何を入れるべき？［モモンガ博士の動画］）
https://youtu.be/w42ARqHpxqA

ケージ内のレイアウト例

夏のケージ例

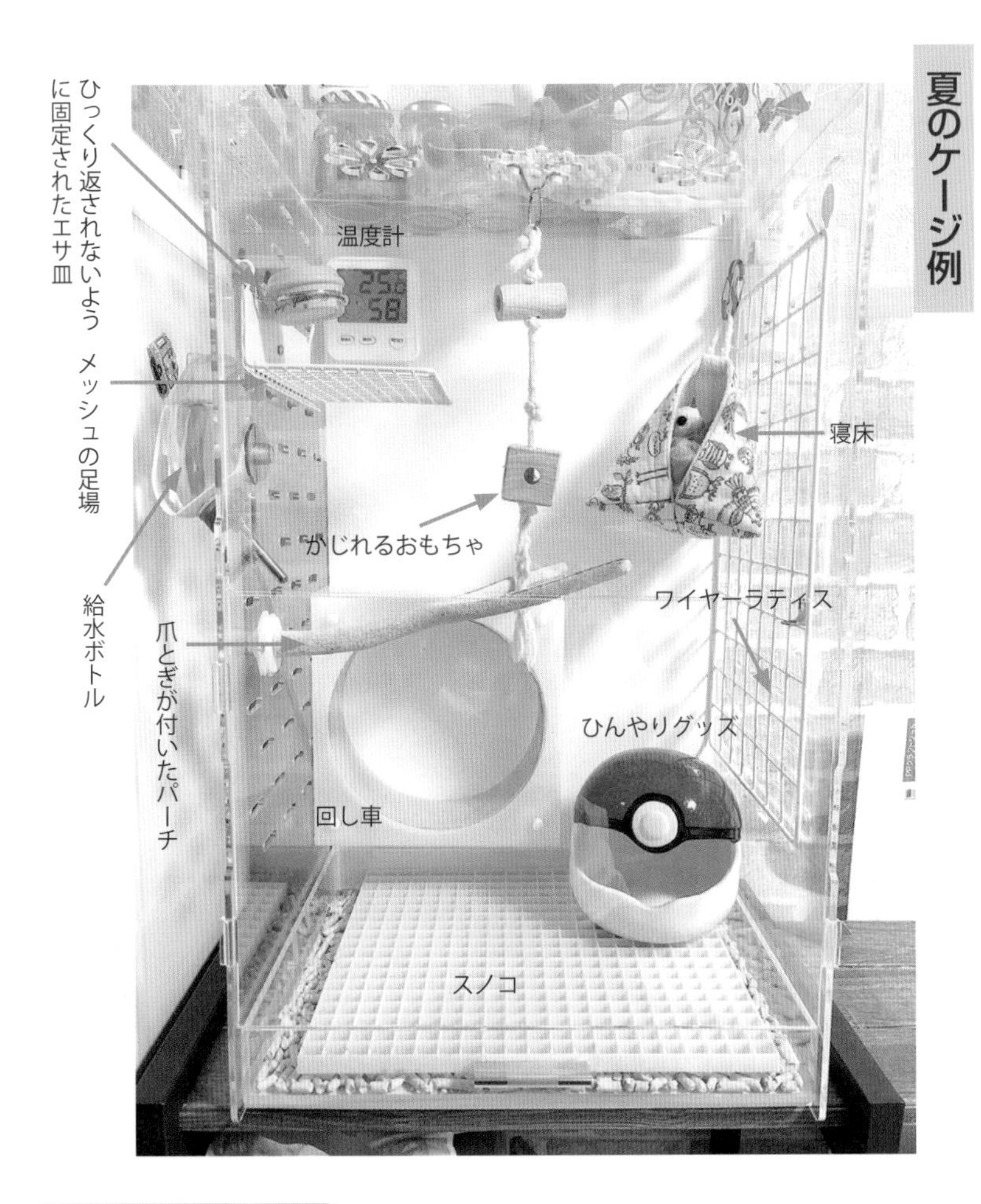

飼い主さんのコメント

排泄物を考慮した配置（給水器の真上に食器、ステップ・止まり木から直接床材のリターへ落ちるように考慮）

画像向かって右側面にワイヤーラティス設置（登りやすさ重視！プラス、掃除がしやすいようにフックに引っかけてます。取り外し可）

ひんやりグッズ（隠れ家兼クールダウン場所）

手づくりおもちゃ（ロープと木）
ポーチ（毎日洗濯！複数吊るす事もあり）
床材はリター（排泄物を直接踏まないようにスノコを敷いてます）

ケージ内には冷却グッズを置くなど、暑さ対策を行うことがおすすめです。

ただし、このときにフクロモモンガの体を逆に冷やしすぎないように注意し、ケージ内の温度を適宜チェックしましょう。

この時期は特に水を切らさないように注意し、常に新鮮な水と交換してください。一度置きエサとして与えた食べ物は、食べ残しはすぐに捨てるようにしてください。

冬のケージ例

飼い主さんのコメント

ケージ内は上部と下部で2℃くらい差があるので、ポーチは上中下の3ヶ所に設置。

ヒーターは人用のデスク下足元ヒーターをサーモスタッドに接続して使用。

火力も調整でき、広い範囲から温められるのでケージ内が安定しています。

ケージ内は運動できるように足場は少なめで、遊べるようにロープ類を多めにしています。

　防寒対策として、ケージ全体を毛布やタオルケットなどで覆うことや床から少し高い位置に上げて置きましょう。
　ケージ内の温度を適宜チェックしましょう。

お迎えの準備

居心地が良くなる飼育グッズを選ぼう

フクロモモンガが快適に暮らせるグッズを揃えましょう。

季節対策グッズ

季節に合わせて、熱中症防止に大理石やアルミでできた涼感プレート、涼感キューブ、寒さ対策にペットヒーター、湿度対策に除湿機、冬は必要であれば加湿器を使用してください。

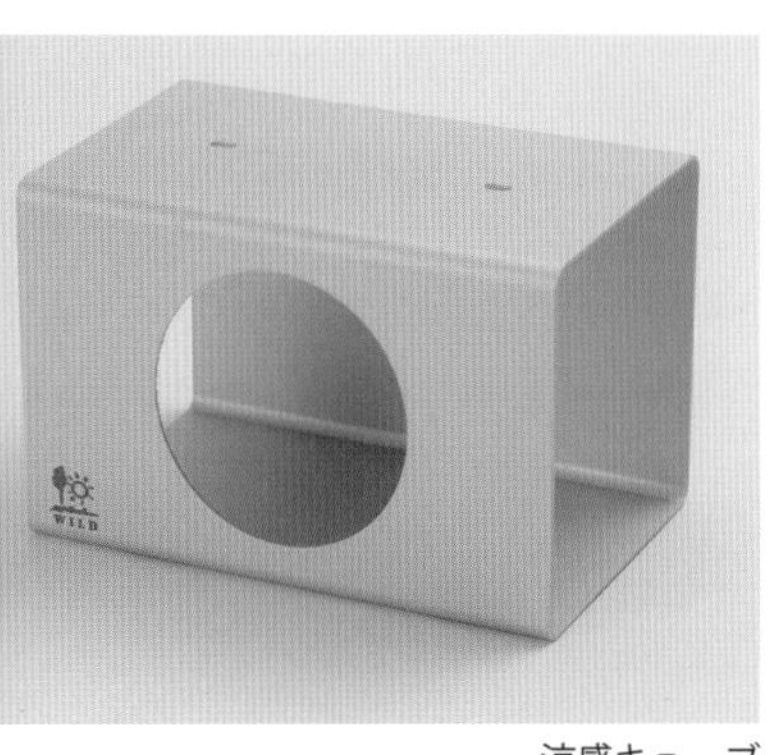
涼感キューブ

ナスカン

フクロモモンガが知らないうちにケージから脱走しないように、ナスカンを施錠して脱走対策をとりましょう。 また、扉の開閉がゆるくなった時にも利用できます。

ナスカン

ケージの下に敷く床材

食べかすや排せつ物などの汚れを取り除くため、ケージの下には床材を敷いておきましょう。

特に幼体を飼育している場合には、ハウスからの落下の危険性も考えると、弾力性のあるパルプや木材のチップを敷くのが良いでしょう。

ちなみに、木材のチップは吸水性が良く、足にも優しいです。広葉樹の白樺やポプラのチップがおすすめです。

フクロモモンガの成体の飼育においては、フン切り網を使用して、消臭吸水能力が高い床材を使うのもおすすめです。

木材チップの例

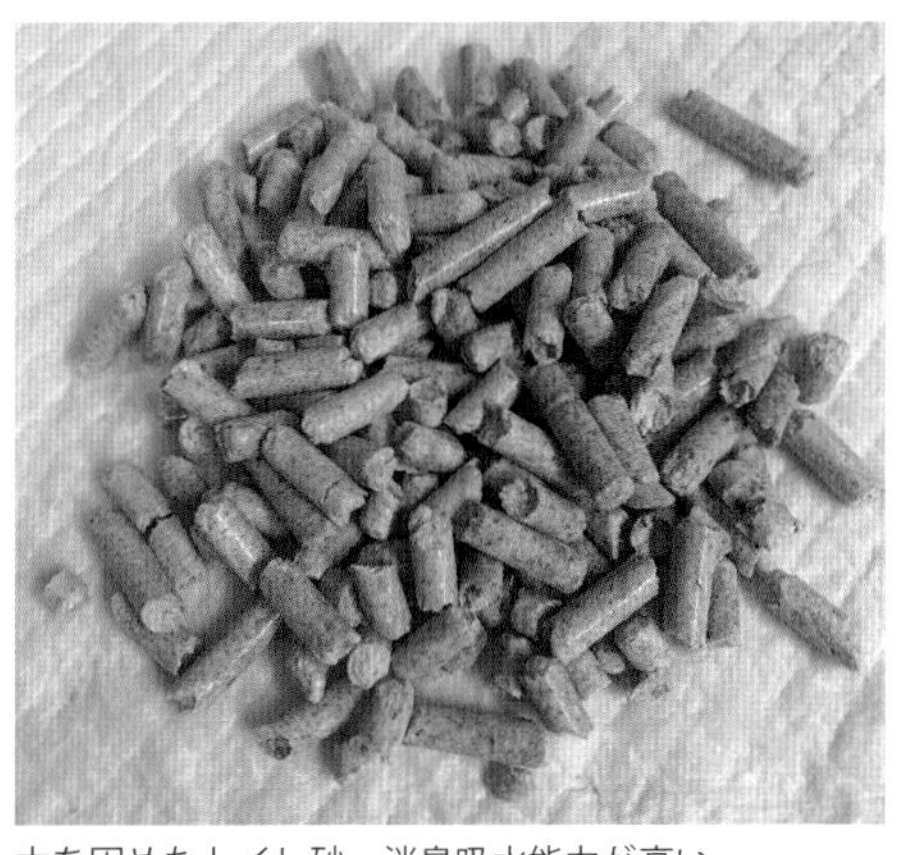

木を固めたトイレ砂。消臭吸水能力が高い

毎日の健康チェックに体重計

フクロモモンガの毎日の健康管理に便利な飼育グッズです。

1g単位で測れるものでも良いですが、0.1g単位で測れる体重計があると子どもの体重も把握できて安心です。

一般的には容器にフクロモモンガを入れて重さを測るケースが多いので、容器を置いてから重さを0にセットできるデジタルスケールがおすすめです。

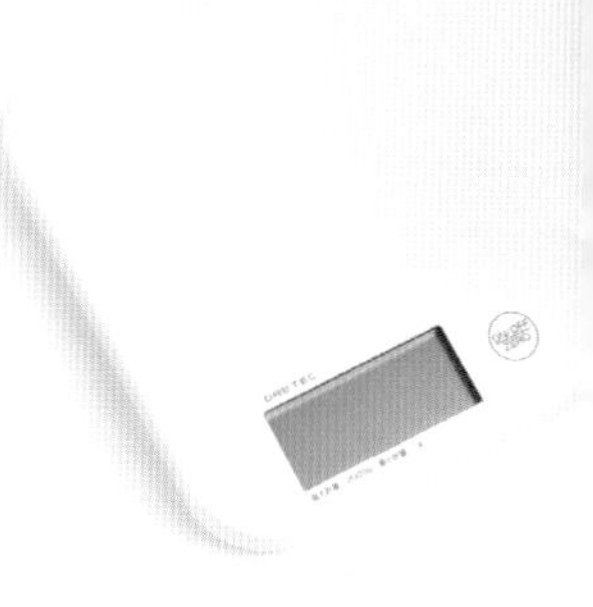

デジタル体重計の例

お迎えの準備

運動不足やストレス解消のため、おもちゃも不可欠

その他、フクロモモンガの飼育に欠かせないグッズを知りましょう。

寝袋やハンモック

寝床には布製の寝袋やハンモックを用意しましょう。寝床の準備には、たとえ単頭飼育でも、可能であれば、一つではなく寝床は複数用意してあげるほうが良いでしょう。厚手や薄手など違う素材の寝床を用意しておいてあげましょう。なぜなら、その日の気温などによって最適な寝床を選ばせてあげる効果が期待できるからです。

なお、布製の寝袋は、生地のほつれや破れなどでフクロモモンガが爪を引っかけてケガをしないように、安全には十分注意しましょう。

寝袋の例

登り木

登り木をケージ内に設置することで、フクロモモンガが立体的に動くことができるようになります。上下移動ができることは飼育環境づくりには必須ですので、ぜひ活発に動けるように環境を整えてあげましょう。

登り木の例

おもちゃ類

フクロモモンガが遊べるおもちゃを与えましょう。退屈しのぎやストレス解消にもなります。運動をさせる場合には、ケージの中もそうですが、飼い主の目が届く範囲でケージの外でも遊ぶ場所をつくってあげると良いでしょう。ただし、その際は、思わぬ事故に遭遇しないためにも安全対策をしましょう。

回し車の例

その他スポイトやピンセット、手袋など

ミルクを与えるときのスポイトやエサ（特に昆虫）を与えるときのピンセット、飼い主に慣れないうちはかまれてケガをしないように手袋を用意しておくと良いでしょう。

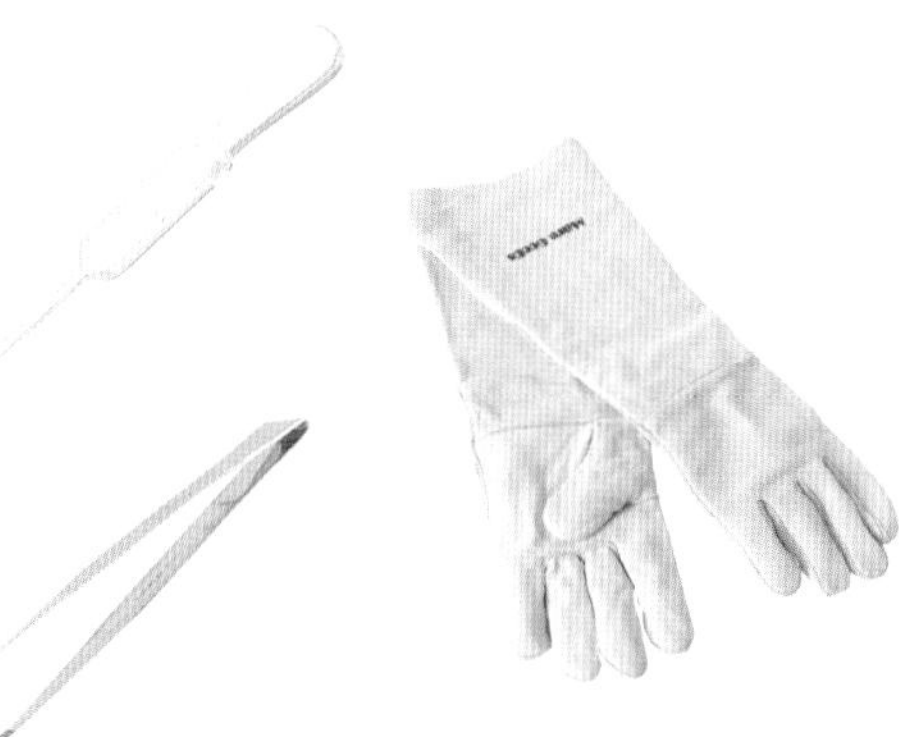

スポイト、ピンセット、防護手袋の例

その他おすすめの飼育グッズ

その他にも、フクロモモンガは狭い空間が大好きなので、トンネルハンモックを吊るすのもいいでしょう。また、ケージの金網かじりをする個体には、かじり木をケージ内に置くと金網かじり防止につながるので、おすすめです。

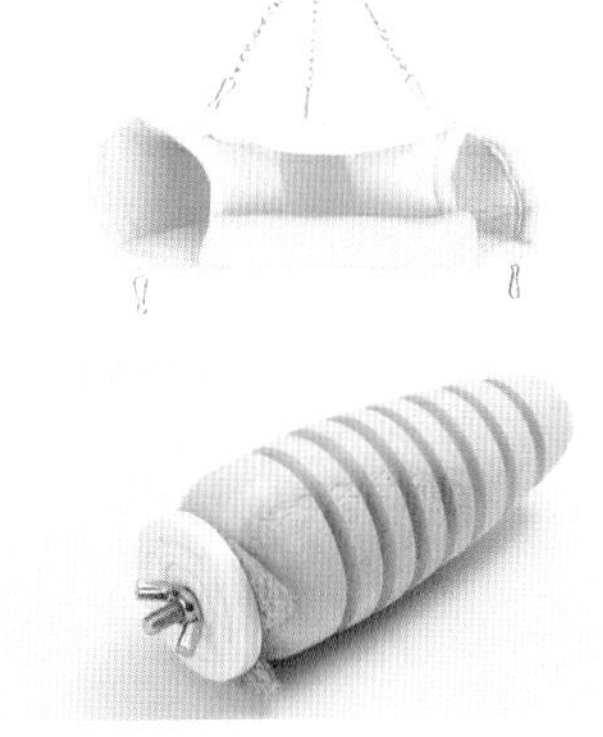

トンネルハンモックやかじり木の例

コラム 1

ペットショップ
「ピュア☆アニマル」
店長　仲谷浩美さん

フクロモモンガの魅力とは?

10年以上前から、フクロモモンガの魅力にとりつかれたというフクロモモンガ・ハリネズミの専門店「ピュア☆アニマル」店長の仲谷浩美さん。本書のカバー及びカラーバリエーション掲載のフクロモモンガの撮影にご協力いただきました。この機会に、ペットショップ側の立場からフクロモモンガの魅力とおすすめポイントを語っていただきました。

―魅力とおすすめのポイントは?

フクロモモンガの長所、おすすめポイントとしては、群れの動物であるが故に、やはりすごくよく懐いてくれるところです。飼い主さんが愛情を持って接していけば、徐々に信頼関係が生まれ仲間と認識してくれます。懐くと自ら寄ってきては、飼い主さんの服の中に潜り込んだり、滑空して飛んできたりと、本当に愛らしいです。

また、こんなに小さくても、うまく飼っていただくと10数年生きてくれます。このサイズでこれだけ長生きする動物はほかになかなかいないのではないでしょうか。寿命が長いということは、やはりある程度、体自体も強いと感じます。全てのフクロモモンガがそうとは限りませんが、日々接している立場からみて、やはり病気にかかりにくい動物といった印象を受けます。

それから、サイズが小さいので、犬や猫などよりも飼育に手間がさほどかかりませんし、食費などの出費が抑えられる点も飼いやすさにつながります。

つまり、懐くことと寿命が長いこと、そして、飼いやすいことがフクロモモンガの最大の魅力だと思います。

なお、私が個人的に飼ってみて感じたおすすめポイントは、鳴き声で感情表現するところです。

やはり感情表現が豊かですと、コミュニケーションが取れます。だから、ときどきほんの一瞬ですが、フクロモモンガとコミュニケーションを取っていると「人間と付き合ってる感があるなー」っていうふうな錯覚に陥ることがありますね(笑)。「ちょっと怒ってるな」「今すごい喜んでるな」「甘えてきてるな」など。やはりそういったことがわかると嬉しいものです。それほど感情表現が豊かなので、飼っていて付き合っていて楽しいです。飼い甲斐があるというか。そういったところが具体的なおすすめポイントかなと私は思います。

―飼おうかどうか悩んでいる人に一言

飼うハードルに関してですが、フクロモモンガの飼育に関するさまざまな情報を耳にした結果、お客様が悩まれる代表格は、「鳴き声」と「臭い」です。

この辺はそのお客様の感覚次第で一概にはいえないのですが、私自身が飼っていたり、お店で飼育したりする中で個人的に思うことですが、小さな動物ということもあり、それほど大きな鳴き声には感じません。

また、臭いに関しても、複数匹、非常に多い数を飼っていると確かに臭いが気になることはあるかと思いますが、1匹や2匹といった頭数で飼う分には、そんなに気にされなくてもよいかと思います。正直なところ、他の動物が飼えるようでしたら、大丈夫ではないでしょうか。

実際にご来店されたお客様には、フクロモモンガをケージから出して臭いをかいでいただいたり、鳴き声も実際に聴いていただいたりして、この程度ですよとご説明しております。

ペットショップ「ピュア☆アニマル」のホームページ
https://www.wisecart.ne.jp/pureanima

第2章

お迎え・お世話の仕方をおさえよう

～家に迎えたあとの飼育のポイント～

お迎え

あせらず「攻め」の姿勢で見守ろう

あせらず「攻め」の姿勢で見守ることが大事。
新しい環境に慣れてもらうために、ケージの中が安全な場所だと教えてあげましょう。

懐いてくれる方法を知る

　フクロモモンガを我が家にお迎えしたあと、誤解されていることの一つとして、フクロモモンガが「新しい環境に慣れるまで静かに待つ」ということがありますが、しばらく何もしないでいると、かえって飼い主に懐かなくなりかねません。しかし、だからと言って最初に家に来た日からかまおうとすると怖がってしまってうまくいかないでしょう。やはりこの段階では、フクロモモンガの気持ちに寄り添って【対策】欄で紹介しているようなやり方で懐かせましょう。

未知のものに挑む勇気を持とう

　この段階で飼い主に行ってほしいのは、怖がって威嚇してくるフクロモモンガに対して何もしないでただ見ているだけでなく、あるいは、飼い主自身も怖がらずに勇気をもって接してあげることです。具体的には、その子に付けた名前を呼んだり挨拶をしたりすることから始めます。

　ただし、まだ慣れていない状態では、体を触ろうとすると嫌がって逃げたり噛まれたりするでしょう。そうならないためには、「意識外でのアプローチ」が有効です。これは、フクロモモンガがエサを食べることに意識を集中しているときに、飼い主が触ったり手に慣れさせたりすることを言います。

また、寝ている昼間、飼い主がポーチにフクロモモンガを入れて首からぶら下げ、上着の中に入れて人の臭いを覚えさせる方法はおすすめです。特にフクロモモンガにとって大好きな食事の時間には、必ず声をかけるようにしましょう。このようにアプローチし続けることが大切です。

手からエサを与えることで慣れてもらおう

多少慣れてきたら、少しずつ飼い主の手から好物のエサ（果物やおやつなど）を与えてみましょう。はじめは警戒して近づいて来ないかもしれませんが、人の手に慣れてくると逃げないようになります。そして、人の傍にいると美味しいものが貰えることを覚えると、自分から寄ってくるようになります。

対策 懐くようになるまでの1日の流れと方法

仮にその個体が、人に全く慣れていなくて、飼い主の顔を見るだけで怒るような状態だったとします。懐くようになるまでのポイントは、ミルクとポーチを使う方法がおすすめです。

最初からケージの中には、寝床としてポーチを入れておきます。

飼い主は、朝起床したらまずはフクロモモンガに「〇〇（名前）ちゃん、おはよう!」と必ず声をかけましょう。そして名前を呼んで「ミルクだよー」といってミルクを与えましょう。お勤めの人であれば、夕方もしくは夜に帰宅した際も必ず挨拶と名前を呼びながらミルクを与えます。このことで、フクロモモンガには、この声がすると必ず良いことがあるということを覚えてもらいます。その後は、ポーチをもって（あるいは、首にかけて）飼い主と一緒にお互いの時間をリラックスしながら共有します。そして、ポーチをケージに戻す際ももう一度ミルクを与えます。ミルクを与える場合は必ず名前を呼ぶことを忘れないでください。これを毎日繰り返すことでどんなに懐かない個体でも、次第に慣れて懐くようになるでしょう。

ポイント13

飼育のポイント

汚れることが多い ケージ内の掃除は毎日が基本

掃除が一番の体調管理。不衛生は病気の元です。
排せつ物を確認して体から出る大事なサインを受け取りましょう。

毎日ケージ内をきれいにしよう

健康なフクロモモンガはよく食べ、よく排せつします。ゲージの下に敷いた床材やペットシーツはよく汚れますので、1日最低1回は交換しましょう。

清掃のタイミングとしては、フクロモモンガが起きて活動していれば別のケージなどに移し、寝ていればそのまま手早く行っても良いでしょう。

一般的な手順としては、給水皿や給水ボトル、エサ皿にある食べ残しは取り除いた後で水洗いし、巣箱やステップ、ステージにあるフンを取り除き、尿などで汚れた場所は、しぼった布やノンアルコールのペット用のウェットティッシュなどで軽くふき取りましょう。

床材に木製チップや牧草を使用している場合、排せつ物で汚れた部分は放置していますと強い悪臭の原因にもなりますので、その部分を取り除き、新しいものと交換しましょう。

トレー付きのケージの場合は、最後にケージの一番下にあるトレーをきれいに掃除しましょう。

フクロモモンガがなめても大丈夫な除菌消臭剤を選ぼう

ケージの外で排せつしてしまったときやケージ内の掃除のときに

除菌消臭剤を使用すると便利です。除菌によって衛生的な環境をつくり、病気を防ぎます。

なお、使用する消臭剤は、フクロモモンガがなめても体にかかっても安心な小動物用のものを選びましょう。

掃除をしながらケージ内の状態を確認し健康チェックを行おう

ケージの掃除をする際に、フクロモモンガの食事の食べ残しはないか、手足の爪を引っかけそうな部分がないか、ケガをしてしまいそうな場所がないかなどをしっかり確認することを習慣づけてください。

また、フクロモモンガが活動してる最中に掃除をする場合は、掃除をしながらふだんと変わったところがないか、ケガをしていないか、元気そうかなど、健康チェックを行うといいでしょう。

アクリル製のケージの清掃手順（一例）

給水皿や給水ボトル、エサ皿を取り除いた後、ケージの左右前後の壁面をしぼった布やノンアルコールのペット用のウェットティッシュなどで軽く汚れを拭き取る

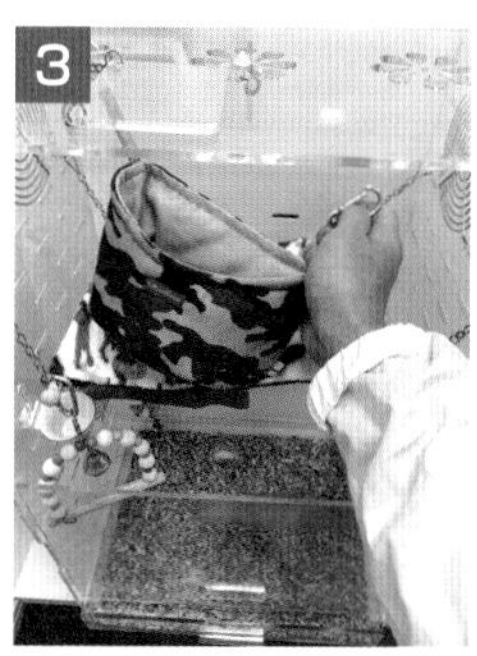

寝床のポーチやハンモックを外して後の洗濯に回す

ケージの一番下にあるトレーから排せつ物を含む部分を床材ごと取り除く

Check!

掃除の際の注意点やチェックすること

掃除の目的は、衛生的な環境を維持することはもとより、フクロモモンガの体調を知る重要な機会となります。フンの状態や水の減り具合、エサの食べ残しの有無などを毎日チェックすることができます。いつもと違う様子に気づいたら動物病院に連れて行きましょう。またその際は、食べ残しやフンは捨てずに病院へ持っていくと良いでしょう。

飼育のポイント

主食には必要な栄養が過不足なく摂取できる配合食を与えよう

食事の7割～8割以上を配合食に設定しよう。

フクロモモンガの食事

フクロモモンガの食事は、植物質と動物質の食材をそれぞれ半分ずつ与えるのが理想です。一日の食べ物の量（副食、おやつを含めて）は、個体重量の15％～20％程度が目安だとされています。その範囲の中で、必要であれば主食に加えてより栄養のバランスをとるための副食、コミュニケーションをとるためのおやつを与えましょう。

配合食を主食として与えよう

野生のフクロモモンガは、前述したとおり雑食性で、ユーカリやアカシアの樹液や花粉、花蜜や、果汁や昆虫類、ときには小さな爬虫類や鳥のヒナ、卵などを食べています。ただし飼育下では、食性に合わせてすべての食材を取り揃えるのは難しく、しかもそれが毎日続くとなると現実的ではありません。

そこでおすすめなのが、フクロモモンガ専用の「配合食」と呼ばれるフードです。これには固形状のもの（ペレット）や流動状のもの、粉末状のものがあり、必要に応じて使い分けましょう。なお、通常はペレットを主食として用います。

エサ皿に盛られた配合食

与えるタイミングと回数

配合食は1日1回、起き出した夕方から夜の時間に与えましょう。エサ入れに前回与えた後の配合食が残っていたら、全て新しいものと交換してください。

そして、記載の分量を参考に、体重や運動量などに合わせて与えましょう。

また、ペレットなどの配合食は古くなるとカビが生える恐れがあるので、賞味期限をチェックして、冷暗所に密封して保管しましょう。

配合食の上手な選び方

ペレットなどの配合食は口コミやネットでの評価、ペットショップの店員さんに話をよく聞いて、評判のいい銘柄を購入するようにしましょう。具体的には、信頼できるメーカーのもので、原材料や栄養成分が明記されていて、着色料や保存料をなるべく使っていないものを選びましょう。

配合食の銘柄を変える場合

配合食の銘柄を急に変えるとフクロモモンガの食欲が落ちて食べなくなったりする場合があります。そこで、今まで与えていた配合食に新しく与えるものを少しずつ混ぜて、徐々に新しい配合食の量を増やしていくようにしましょう。

なお、与える配合食の銘柄は、供給量が安定して手に入りやすい国産メーカーのものがおすすめです。

フクロモモンガは偏食に注意

フクロモモンガには嗜好性に偏りがあり、多くの種類のエサを一度にあげてしまうと好きなものばかり食べてしまう個体も少なくありません。栄養のバランスを考えたエサで、その個体が食べ切れる量を与えられれば問題ありません。しかし、食べる量の予測は難しく、どうしても食べ残しが出てしまい、そのことによって栄養が偏りがちです。そこで前述したように主食は配合食にすることが大切なのです。また、配合食は多数の銘柄を混ぜて与えると、選り好みをしてしまいます。できるだけ一つの銘柄をあげましょう。

なお、配合食よりも嗜好性の高いものをおやつとして与えることは問題ありませんが、嗜好性の高いものを常に与えるというのは問題です。なぜならば、嗜好性の高いものを常に食べるようになると主食の配合食を食べなくなるからです。気をつけましょう。

ポイント 15

飼育のポイント

食事のバランス上必要であれば副食を与えよう その1【植物質】

ビタミンやミネラル、繊維質を摂取するために野菜や果物の配合食を与えよう。

副食の与え方

副食として一度に与える植物質や動物質の食材の種類は、それぞれ3種類前後が目安です。栄養が偏らないように、できるだけバリエーション豊かに多くの種類を与えるようにしましょう。

美味しそうに頬張るフクロモモンガ

ただし、主食で配合食を与えているのであれば、そこである程度は摂取できますので、逆に与えすぎないように注意しましょう。

果物類

果物類には、ビタミンCなどのビタミン類やミネラル、食物繊維が豊富に含まれています。ただし、糖質が多いため、過度には与えないようにしましょう。肥満や糖尿病、虫歯のリスクもあります。キウイフルーツ、オレンジ（※）、ミカン（※）、リンゴ、イチゴ、バナナ、ナシ、モモ、パイナップル、パパイヤなどは与えても良い果物です。果物類をおやつとして与える場合は、そのままの果実を切って少しだけ、もしくは乾燥して販売されているものを少量与えましょう。

キウイフルーツ

※柑橘類は与え方に注意（ポイン

ト17参照）

野菜類と野草類

野菜類にも、果物同様にビタミンやミネラル、食物繊維が豊富に含まれています。サツマイモ、ニンジン、白菜、ピーマン、パプリカ、ブロッコリー、カブの葉、カリフラワー、キャベツ、キュウリ、小松菜、サラダ菜、セロリ、大根の葉、チンゲン菜、トマト、ミツバなどを与えることができます。

ナズナ

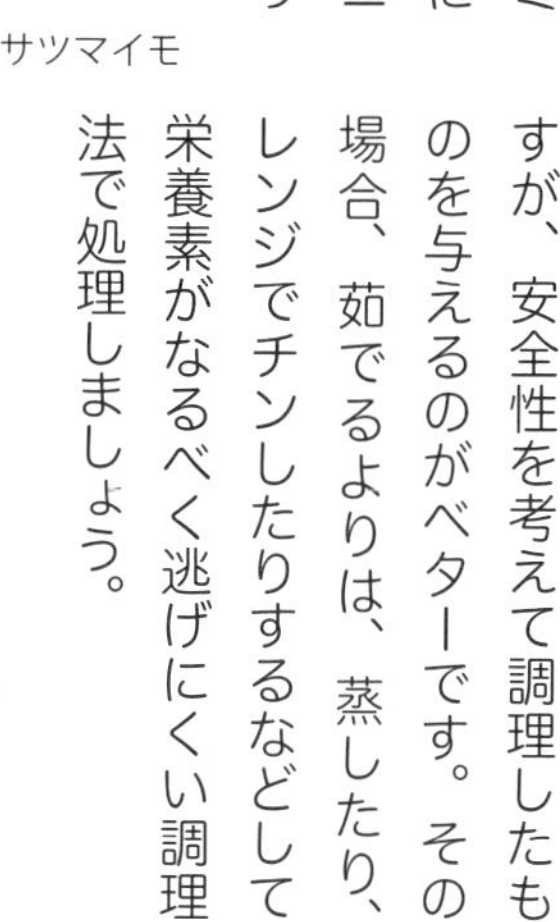
サツマイモ

野草類は、ナズナ、タンポポ、オオバコなどを与えると良いです。

なお、野菜は生でも与えられますが、安全性を考えて調理したものを与えるのがベターです。その場合、茹でるよりは、蒸したり、レンジでチンしたりするなどして栄養素がなるべく逃げにくい調理法で処理しましょう。

雑穀類と種実類

はと麦、大麦、小麦、えん麦、キビやアワなどの雑穀類は主に炭水化物が摂取できます。

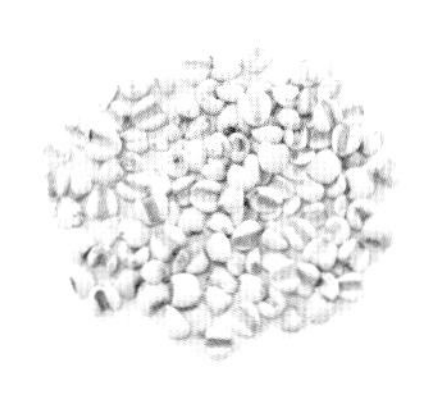
はと麦

クルミ

クルミやヒマワリの種、ピーナッツ、アーモンド、クリなどの種実類は脂肪分が多く嗜好性が高いため、おやつとして与えましょう。

副食として与えるときは配合食で

与え方としては単品の食材ではなく、複数の食材をミキサーなどにかけて流動状もしくは粉末状の配合食にして与えましょう。そうすれば、その個体の好き嫌いに左右されずに与えたい栄養を摂取させることができます。これらを単体として与える場合は、副食ではなく嗜好性の高い「おやつ」（全体食事量の10％以下）になります。注意しましょう。

飼育のポイント

食事のバランス上必要であれば副食を与えよう その2【動物質】

栄養バランスが悪い昆虫類は与え方に注意しよう。

なぜ動物質の食材を与えるのか

毎日の食事には、筋肉や血液を作るのに必要な栄養素で、エネルギー源ともなる動物性タンパク質が豊富に含まれる食材を与えることが大切です。

ただし、前述のとおり、主食で配合食を与えているのであれば、逆に与えすぎないように注意しましょう。一日3種類前後が目安です。

肉類・卵

鶏のササミ、レバー、ハツ、卵（黄身の部分）など、茹でて常温にしてから与えましょう。その他、脂身を除去した赤身肉やピンクマウスを与えることができます。その場合、茹でた食材は冷ましてから、冷蔵・冷凍のものは必ず常温にしてから与えましょう。

茹でた鶏のササミ

卵黄

昆虫類

コオロギ、ミールワーム、ワックスワーム、デュビア、シルクワームなどの生餌もしくは乾燥させたものや加熱処理をした生タイプのものがあります。与えやすいものを選びましょう。

なお、昆虫類を与える場合は、そのまま与えると栄養バランスが良くありません。カルシウムとリンの比率が問題だとされています。カルシウムとリンは一定の比率（1～2対1）で生体のミネラルバランスを保持しています。特に昆虫類はカルシウムよりもリンを多く含むためリンの比率が高くなりすぎる危険性があります。リンにはカルシウムの吸着を阻害する働きがあるうえ、血中でカルシウムとのバランスを取るために骨組織からカルシウムを奪います。すると、後述する代謝性骨疾患などの病気にかかりやすくなります。

コオロギ

煮干し

カッテージチーズ

乳製品他

カッテージチーズ、プレーンタイプの無糖のヨーグルト、ヤギミルクなどを与えることができます。また、ペット用煮干しなどを与えても良いです。

副食として与えるときは配合食で

この与え方も前項と同じく複数の食材をミキサーなどにかけて流動状もしくは粉末状の配合食にして与えましょう。これらを単体として与える場合は、副食ではなく嗜好性の高い「おやつ」（全体食事量の10％以下）になります。注意しましょう。

ポイント17

飼育のポイント

与えてはいけない食べ物を知っておこう

フクロモモンガに与えてはいけない食べ物や、与えても良いが注意が必要な食べ物を知っておきましょう。

野菜類

玉ネギや長ネギ、ニラ、ニンニクなどのネギ類やジャガイモの芽、ジャガイモの皮、アボカド、トマトのヘタ・茎、生の豆類など。

ジャガイモの芽以外は、人が日常的に食べていてなんの中毒も起こさない食材ですが、フクロモモンガには有毒な食材となりますので、絶対に食べさせてはいけません。

ニラ

玉ネギ

果物類

ウメ、サクランボ、モモ、ビワ、アンズ、スモモなどの熟していない果実や種子はフクロモモンガには有毒な食材となりますので、食べさせてはいけません。

ウメの実

ナッツ類

熟していないアーモンドやピーナッツの殻に生えるカ

アーモンドの実

ビは食べさせてはいけません。

その他、人が飲食するもの

チョコレート、ケーキ、クッキー、ポテトチップスなどのお菓子、コーヒー、コーラ、お酒は与えてはいけません。特にチョコレートは嘔吐、下痢などの症状を起こす危険性があります。

チョコレート

クッキー

えぐ味と渋味のある食材

えぐ味と渋味のある食材は与えないようにしましょう。えぐ味を感じる食材ではホウレンソウがあります。

ホウレンソウにはシュウ酸というカルシウムの摂取を阻害する物質が多く含まれていますので、与えないようにしましょう。渋味を感じる食材では渋柿やお茶の葉があります。これらも与えてはいけません。

ホウレンソウ

与えても良いが注意が必要！

オレンジなどの柑橘類は与えすぎると下痢を起こしてしまいます。同様に人が飲む牛乳を多くとると下痢をしてしまうことがあります。また、生卵や生肉は、新鮮なものでないとサルモネラ菌に汚染されている危険性があります。いずれにせよ、与え方には十分注意しましょう。

そのほか、食べ慣れていない食材は、たとえ食べられる物でも体調を崩す危険性があります。もし食べさせるのであればまずは少量を与えて様子を観察してください。

ポイント18

飼育のポイント

給水皿よりも給水ボトルがおすすめ

フクロモモンガはよく水を飲みます。水はいつでも飲めるようにしてあげましょう。

給水ボトルを使用するのがおすすめ

日本の水道水は基本的に軟水で衛生面でも安全なため、飲み水として与えてなにも問題はありません。

水を飲む方法は給水ボトルと給水皿（置き皿）がありますが、フクロモモンガの排せつ物や吐き出した食材の一部（昆虫を食べた際の外殻部分など）が入らないように給水ボトルを使用することをおすすめします。

床置きの給水皿で水を飲む場合は

フクロモモンガの中には給水ボトルからは水を飲まずに、給水皿から水を飲む個体もいます。給水皿で水を与える場合、前述のように、給水ボトルに比べて一般的に異物が混入しやすく、水も汚れがちです。

給水ボトルから水を飲んでいる

したがって、給水ボトルよりも注意して見てあげなくてはなりません。

1日1～2回は新鮮な水と交換しよう

フクロモモンガは嗅覚が発達しているため、鮮度の悪い水はストレスの原因になります。したがって、新鮮な飲み水を毎日与えて、フクロモモンガが飲みたいときにいつでも水が飲める環境をつくってあげましょう。

基本的に給水ボトルは1日1回、給水皿では2回は新鮮な水と交換しましょう。フクロモモンガの健康を考えて小動物用の水や浄水スティックを利用するのもいいでしょう。

水の交換の際にチェックしておこう

給水ボトルの水を交換する際には、水の量をよく確認しましょう。

毎日決まった時間に水の交換を行うと、減った分の水の量を把握しやすくなります。

そのようにして把握していけば、季節性やその日与えた食事などの要素を加えたうえで健康か体調不良を起こしているかがわかるようになるでしょう。

例えば、ミルクや野菜・果物など水分を多く含んでいる食事を与えていれば、水分補給ができているため、ボトルなどから水分をとる必要がありません。水を飲んでいなくても、特に体調不良を起こしているわけではありません。

対策 水分不足なのに水を飲んでくれない！？

フクロモモンガは本来的にデリケートな生き物です。そのため、飼い始めの頃には急な環境の変化によって水もエサも口にしなくなることがあります。また、水道水のカルキ臭を嫌がって飲まなくなる場合もあります。

前者の場合は、少しずつ環境に慣れてもらうことで、ふだん通りに水を飲んでくれるようになるでしょう。後者の場合は、水道水をすぐには与えずに、煮沸して常温に冷ましてから与えたり、汲み置きして１日置いてから与えたりすると良いでしょう。水道水に慣れてくると1日置かなくても飲んでくれるようになります。また、市販のミネラルウォーターを与える場合は、ミネラル含有量が多い「硬水」ではなく、「軟水」を与えましょう。

ポイント19

飼育のポイント

快適で過ごしやすい温度は25～28度、湿度は50％前後

フクロモモンガが快適で過ごしやすい環境づくりには温度と湿度の調整も欠かせません。

野生のフクロモモンガが生息している場所

フクロモモンガは、熱帯・亜熱帯地域に暮らす動物です。気温も湿度も高めの場所です。

ですので、寒さと乾燥した環境には大変弱い動物です。

そのため、日本でフクロモモンガを飼育するには、温度や湿度を整えることが絶対条件となります。

フクロモモンガの健康維持のためには、通年（特に夏と冬が大事）で適度にエアコンや加湿器をかけて一定の温度や湿度を保つことが好ましいです。

快適な温度と湿度

適温は個体によって異なります。フクロモモンガが寒そうにしていないか、暑そうにしていないかといった状態を毎日確認する必要があります。縦長のケージであれば

湿度計付き温度計（一例として）

理想的には上部と下部の2つに設置することをおすすめしますが、一つであれば、一番活動する真ん中が良いです。

フクロモモンガの快適温度は25度～28度、湿度は50％前後（特に冬の乾燥期は、できる範囲で保ってください）です。ただし、ベビー期の場合は、まだ体温調節が上手にできないために28度前後にします。

個体にもよりますが、フクロモモンガの体に支障が出ない限界の温度は最低20度、最高で33度位だといわれています。フクロモモンガのいる場所が最悪でも24度以下、最高でも30度を越えないように室内の温度を保ちましょう。

快適な温湿度を保つためのその他の注意

室内の快適な温湿度管理をするためには、常時使うエアコンや加湿器が常時正常に稼働するように清掃・メンテナンスにも気を配りましょう。

なお、室内で特定の温湿度を保とうとしていると、つい怠りがちなのが換気です。換気は、新鮮な空気に入れ換えたり、フクロモモンガ特有の臭いが気になる人には、その軽減になります。

なお、窓を開けての換気は、一時的に温度や湿度が変化しがちですが、空気の入れ換えは必ず定期的に行うようにしましょう。

対策 フクロモモンガの換毛期

フクロモモンガは換毛期が年２回、年間を通して冬から夏にかけての時期と夏から冬にかけての時期にあります。具体的には春の換毛期には冬毛から夏毛になり、秋の換毛期には夏毛から冬毛に換わります。

もともと体毛はそれほど長くないこともあり、換毛期で毛が抜け換わっても飼い主が気づかないことも多いでしょう。ただし、その時期は抜けた毛がふだんよりも多く空気中に舞いますので、換気や床の清掃、エアコンの清掃を心がけましょう。もちろん、換気の際はくれぐれも部屋の温度・湿度が急に変化しないように気をつけて行いましょう。

ポイント 20

飼育のポイント

臭い対策には食事への工夫と臭い付けできる布製のものを置こう

特有の臭いは仕方ないことだと心得ましょう。

なぜ臭いを出すのか?

フクロモモンガの臭いが気になるという飼い主は多いです。特にオスは臭腺が発達し、そこから特有の臭いを出します。なぜ私たちが気になる強い臭いを出すかというと、フクロモモンガは、臭いでコミュニケーションをとっている動物だからです。群れで生活する際に、オスが臭腺からの分泌物や排せつ物で臭い付け(マーキング)をして縄張りを主張したり、同じ群れの仲間かどうかを判断したりしています。また、身に危険が迫ってきたときなども独特の臭いを体から発して周りに知らせることもあります。そのことで自らの生活を守る習性があるためです。(ポイント30参照)

栄養バランスを整えて調和のとれた食事を与える

栄養の偏りも強い臭いの原因になると考えられます。飼い主が自らつくるエサは、それのみだと、栄養のバランスがとれていないことが多いのが現状です。栄養が偏っていたり食べすぎたりしていると排せつ物の臭いがきつくなることがあります。その点で、総合栄養食である専用の配合食を中心に与えることをおすすめします。

パウダー状の配合食

布製の寝床を3つくらい置き、それを適宜洗う

まず飼育環境を整えることが大切です。ケージは金網製のものは臭いが漏れ、しかも網の部分には頻繁に排せつ物などが付きます。その都度その汚物を拭き取るのは大変な手間となります。その点でケージをアクリル製かガラス製に替えることをおすすめします。これですと、周りに臭いが漏れにくくなります。

さらに、臭い付けできる場所をつくってあげましょう。ケージの中に布製の寝床を3つくらい置き、そこに臭い付けをさせるようにすると良いでしょう。そうして臭いの付いた寝床は適宜洗って使えば、臭いが軽減できます。また、床材を消臭効果の高いものに切り替えるという方法も有効です。

消臭剤や脱臭機をうまく利用する

小動物用でペットが舐めても安心な消臭スプレーや置きタイプの消臭剤を使用するという方法もあります。動物の体に無害ですので、頻繁に使用しても安心です。また、ペット専用の脱臭機を置いておくのも有効な手段です。さらに、消臭剤の中には飲料タイプもあります。

なお、注意が必要なのは固形の消臭芳香剤です。化学物質が気体となって拡散していきます。絶対にケージやフクロモモンガの近くに置かないようにしましょう。

対策 臭い対策で必要な考え方

どうしても臭いが気になるという人は多いと思います。しかし、あらゆる動物には特有の臭いがあることは自然の摂理です。

私たち人間を含めて臭いのない動物は存在しません。ですので、フクロモモンガに限ったことではありませんが、完全に動物から臭いを消すというのは不可能であることをまずは心得ておきましょう。消臭に過敏になりすぎるのは、フクロモモンガにとっては大きなストレスを与えてしまいます。ある程度の臭いは仕方がないことです。フクロモモンガには臭いも含めて愛情を注ぐという気持ちが大切です。

飼育のポイント

爪は2～3週間に1度は切ってあげよう

爪が伸びたら適切に処置してあげましょう。

フクロモモンガは爪切りが必要

元来の野生のフクロモモンガは、自然の中で暮らしているうちに爪がすり減っていくので、爪切りをする必要がありません。

しかし、飼育下のフクロモモンガは野生の環境とは大きく異なり、爪が削れる機会がなく爪が伸び放題の状態になります。個体によって違いがありますが、伸びるのが早い個体の場合は、2～3週間に1回は爪を切りましょう。

伸びすぎた爪を放っておくと、フクロモモンガの活動に悪影響が出るばかりか、なにかに引っかかってケガをしたり、持ち上げたときに飼い主の手や腕などを引っかいたりして傷をつけてしまいかねません。

爪切りのタイミングと方法

爪の先端が曲がってきたり、鋭く尖っていたら切った方が良いタイミングです。

爪切りの方法として、ポーチの中にフクロモモンガを入れたまま行うやり方がおすすめです。

なお、飼い主はかまれてケガをしないようにということと、人の素手に恐怖心を覚えさせないためにも手袋をして行うことをおすすめします。

まずはポーチの上部を少し開け

ます。全部開けないでください。嫌がって飛び出す危険性があります。飼い主のお腹でしっかり固定したら、ポーチを手で下から押してフクロモモンガを、ポーチの開けた上部に近づけます。このとき頭を下向きにさせます。

飼い主はポーチに指を入れて被膜を手繰り、フクロモモンガの前足の指を出します。このときフクロモモンガの前足は飼い主の親指と人差し指で挟んで固定します。切るのは先端から1㎜で十分です。

このようにして左右の前足が終われば、次に後ろ足も同じように親指と人差し指で挟んで固定し、左右の後ろ足の爪を処置します。

爪切りの様子

爪を削る

どうしても深爪が心配な場合は、切るのではなくて削る方法もあります。爪やすりは市販されている小動物用のものを使いましょう。行う方法は前述の爪切り同様の方法か、網目の細かいキャリーやケージに入れて、好きなおやつで誘導している間に網目から出た爪を削るという方法もあります。

なお、爪の手入れの頻度を少なくするために、市販されているやすり付きの（爪とぎができる）登り木などを利用するのもいいでしょう。ただし、万が一のケガ予防のために設置場所は1カ所程度にしておきましょう。

深爪して血が出てしまったら

爪切りの際に誤って深爪してしまい、フクロモモンガの爪から血が出てしまった場合は、慌てず清潔なガーゼなどで傷口を抑えてあげましょう。

その傷口から血がわずかににじみ出る程度でしたら、数十秒から数分程度止血していれば血は止まります。しかし、もしも出血がひどかった場合には市販のペット用止血剤をつけてあげましょう。このようなことは起こり得ますので、爪切りの際は必ず止血剤を側に置いて行うようにしてください。なお、万が一、出血がひどい場合には、エキゾチックアニマルを診療している動物病院で治療してもらうことをおすすめします。

飼育のポイント

より仲良くなるためにブラッシングをしてあげよう

ブラッシングの効果を知りましょう。

飼い主がブラッシングする意義

フクロモモンガは長い毛で覆われているわけではなく、毛並みは飼い主がなにもしなくてもある程度整っています。それは、自ら生活の中で、後ろ足の人差し指と中指を櫛のように使って、グルーミング(毛繕い)をしているからです。

ではなぜ、飼い主がブラッシングしてあげると良いのでしょうか? それは、幾つかの飼育上でその効果が見込めるからです。その効果について説明いたします。

体の汚れを取る

単体で飼われている場合、仲間同士でグルーミングし合うことができず、毛の中に入って付いた汚れを取り合うことができません。ブラッシングは、そうした毛の中の汚れを取り去る効果があります。

なお、毛が汚れているからといって、フクロモモンガに入浴させるには技術が必要です。どうしても汚れを取りたい場合は、基本的には濡らしたタオルなどで優しく拭き取る方法がおすすめです。

ムダ毛や換毛期の抜け毛を取る

日常でもそうですが、特に春と秋の換毛期には、毛が多く抜け換わります。その際にフクロモモンガはグルーミングしながら多くの毛を飲み込んでいます。これが問題なく排せつ物として体外に出せれば問題はないのですが、ときに胃や腸内にたまってしまうと病気の原因になる危険性があります。

そこであらかじめ飼い主がブラッシングすることで、そうした毛を取り除くことができます。

ブラッシングの方法

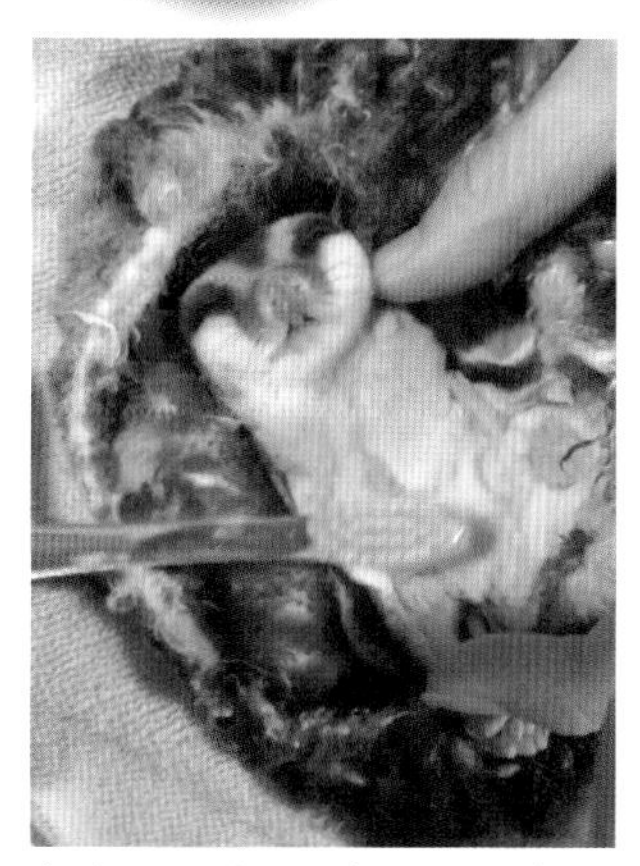
歯ブラシを使ってブラッシング

歯ブラシを倒して、フクロモモンガの皮膚を傷付けないようやさしく毎日ブラッシングする、いわば歯ブラッシングがおすすめです。

そのとき、市販の小動物用の洗浄パウダーを使ってブラッシングすれば、特有の臭いの軽減にもなります。

どうしてもブラッシングを嫌う個体にはしない

飼い主が手で撫でても大丈夫であればブラッシングも可能だと判断できます。ただし、どうしてもブラッシングが嫌だという個体にはブラッシングを止めてあげてください。

ブラッシングを見ることができます

ここでチェック!

対策 フクロモモンガの黄ばみの原因と対策

飼育している中で、フクロモモンガの体の色が黄ばんでくることに気づく飼い主は多いと思います。特に被毛がもともと白い個体の場合には目立ちます。

その主な原因としては、体が自らの排せつ物などで汚れていることがあります。特に排せつ物をそのまま飼い主が放置していると、習性上、臭い付け行為の一環として自ら体を押し付ける行動をする個体もいます。また、オスの臭腺からの分泌物によっても黄色くなることがあります。特にメスとペアにしていると、メスもオスのマーキング、臭い付けによって黄色くなってきます。黄色くなってくることはある程度やむを得ないことですが、どうしても気になる場合は、特にステージなどに付着した排せつ物をすぐに取り除く、あるいは汚物が溜まらないように木製品をメッシュや布製の製品に替える、臭い付けのできる柔らかな吸収しやすい素材を入れてそれをこまめに洗濯するといった方法があります。

ポイント 23

飼育のポイント

健康チェックは毎日怠らずに行おう

飼い主にとって健康チェックは大切な日課です。毎日怠ることなく行いましょう。

食欲に異常がないかを確認

食事を与えるときに、食欲はあるか、食べたくてもうまく食べられないなどの症状がないかなどをしっかり確認するようにしましょう。食事を与えて、すぐに食べ始めるのであれば、食欲があり健康な証拠です。

また、毎日同じ時間に同じ量の水を給水して、増減の変化を確認しましょう。

フクロモモンガの様子を観察&感じる

フクロモモンガの目がパッチリと開き、澄んでいるか、目やにが出て涙目になっていないか、鼻水が出ていないか、呼吸は荒くないか、などを確認しましょう。

また、毛並みや毛艶はいいか、脱毛して皮膚がみえていないか、足を引きずっていないか、このほかに手足、鼻の血色チェックも大切です。ふだんと比べて明らかに血色が悪い場合注意が必要です。そのように日々の様子をしっかり観察して健康チェックをしていきましょう。(ポイント5参照)

さらに、飼い主の五感を使って個体の状態を感じることも大切です。臭いをかいだり、体の触り心地を感じたりして普段との違いがあるかどうかを確かめましょう。

排せつ物をチェック

いつもより排せつ物の量が少なくないか、小さくないか、軟便や下痢ではないか、尿に血が混ざっていないか、異常な匂いがしないか、排便時・排尿時に痛がっていないかなど、日々しっかり確認しましょう。

体重測定を行う

毎日決まった時間に体重測定を行うことで、日々の健康管理や病気の早期発見にも役立ちます。

体重が平均値よりも重い場合は肥満の可能性がありますし、食事の量が変わらないのに体重が減っている場合は、なにかの病気にかかっている可能性があります。

病気の疑いがある場合は、日々の記録表を持って動物病院へ行きましょう。

記録表の例

Name：　　　　　　　　日付　令和●年■月▲日

本日の体重：　　　　g

本日遊ばせた時間：午後●時～午後●時

	主なチェック項目	種　類	量（g）
食べ物	主に与えたもの		g
			g
	おやつ		g
健康状態	様　子	元気・元気がない	
	糞の状態	正常・異常	
	気になること		

Check!

フクロモモンガの日々の健康を記録しよう

毎日フクロモモンガの健康を記録しておけば、いつ頃から体調が悪くなったのか、食事量に変化はなかったかなどを確認できて、診察や治療に役立ちます。

また、動物病院に行ったときに獣医師に見せれば、病気の兆候や原因に気がつきやすくなるという利点もあります。

食事の種類や量、体重、排せつ物の状態、元気があるかどうか、見た目の状態、気になることなどを簡略した形でもいいので、上記のように日々の記録として残しておくことをおすすめします。

ふだん通りにエサを食べている

飼育のポイント

毎日の日課（ルーティーン）をつくろう

フクロモモンガに快適に過ごしてもらうためには、ストレスにならない適度な刺激も必要。

なぜルーティーンが必要なのか

「思春期と自咬症」（ポイント29）の項でも述べますが、ある程度の刺激は必要です。しかし、毎日違うことを行うといった不規則な生活の中での刺激は〝刺激の許容範囲を超えたストレス〟になってしまう事もあるでしょう。〝ストレスにならない適度な刺激〟を感じながら生活をしてもらうためには、毎日、あるいは毎週、毎月ごとに決まった（予定した）ことをルーティーンにして、ルーティーンの中で意図的に刺激を作り出し、許容範囲内の刺激に留めておく事が大切なのです。

日課にすること

起床・朝の挨拶や健康チェック、給餌と水の提供など（表「ルーティーンの例」参照）、可能であれば毎日・毎週・毎月、決まった時間やタイミングでしてあげましょう。

なぜか飼育している子と良い関係ができないときは

飼い始めてすでに長い期間が経っているのに、フクロモモンガが飼い主に警戒していたり、威嚇が止まらないなど、どうしても関係がうまくいかない場合は、ルー

ルーティーンの例

頻度	飼い主の行為
毎日	起床・朝の挨拶（コミュニケーション） 健康チェック 給餌と水の提供 おやつとしてミルクをあげる 帰宅・夜の挨拶（コミュニケーション） 給餌と水の提供 おやつとしてミルクをあげる 飼い主と散歩や遊び、運動 ケージの清掃（毎日が基本）
週に１回	ケージの大掃除
月に１～２回	爪切り

ティーン自体を変えることが有効な手段となることがあります。

例えば、いつもやっていることのやり方や順番を変えてみることです。例えば、急いで体に触れようとしていたフクロモンガへのアプローチをゆっくりとした動作で行ったり、あるいは、フクロモモンガが手に慣れるように、手を添えてじっとしている時間を徐々に増やしていったり、また、今までより少し多めに名前を呼んだり、話しかけたりしてコミュニケーションの機会を増やしたりすることなど。

フクロモモンガがルーティーンに慣れる期間

個体の性格によって一概には言えませんが、目安としてだいたい3カ月間はルーティーンを続けていきましょう。いくつかのルーティーンを続けていくことで、飼い主もフクロモモンガも日常の当たり前のこととして何も感じない、言わばストレスが無い状態となるでしょう。

飼育のポイント

ベビー期は、保温に細心の注意が必要

ベビー期（誕生〜脱嚢後4ヵ月ほどまで）の扱い方を知っておきましょう。

どんなエサかを事前に確認することが大事

出産後70〜74日で脱嚢を迎えます。脱嚢後1・5ヵ月は母親のミルクを飲んで育ちます。脱嚢後1・5ヵ月までを「離乳前のベビー期」、脱嚢後1・5ヵ月〜4ヵ月ほどまでを「離乳後のベビー期」とすることが多いです。さて、フクロモモンガの赤ちゃんをお迎えしようとする際は、購入するペットショップやブリーダーなどがどんなエサを与えていたかを確認することが大事です。例えば、ミルクを一日何回位、どんなミルクで、何時ごろ（どんなタイミングで）、どのように与えていたのかといったことです。この時期は生活の変化にとても弱いです。ペットショップやブリーダーの飼い方を変えてしまうと体調を崩しかねません。お迎えした後もそれ以前からの習慣を続けることが大切です。

適温は28〜30度

フクロモモンガの赤ちゃんは体温調節がまだできないため、成体より室温には細心の注意が必要です。適温は28〜30度、最低でも25度は必要で、湿度は50％前後を保ちましょう。室温が低いと低体温症で命を落とす危険性もありますのでくれぐれも注意してください。

飼育環境を整える

この時期からお迎えする人はしっかり飼育用品を揃えることが大事です。必要な飼育用品としては、プラスチックケース（保温性が高い）、保温をサポートするパネルヒーター、置くタイプの給水器、食器（陶器製のものがおすすめ）、寝床として下に置く寝袋タイプのもの、刺激の少ないパルプ製の床材、その他には温湿度計、ミルクを与える際のスポイトもしくはシリンジ、飼い主に慣れさせたり移動する際のポーチなどは飼育用具として最低限必要です。中でもパネルヒーターは、プラスチックケースの底面の全面に当てないようにしましょう。半分はパネルヒーターを敷いて、半分は敷かないようにしてください。熱からの逃げ場をつくることが大切です。

そのうえで食事の際に与えるミルクやペレットも買い揃えておきましょう。特に、赤ちゃんは、お腹を壊したり脱水したりすることが多いため、整腸剤や栄養補助剤、カルシウム含有量の少ない小動物専用の水なども揃えておくといいでしょう。

なお、万が一下痢をして、その状態が数日続く場合には、動物病院を受診しましょう。

ミルクを飲む赤ちゃんフクロモモンガ

ミルクを主体にした食事法

ベビー期の食事に関してはいろいろな考えがありますが、消化吸収が良いミルクを主体にした食事法についてご紹介します。

1日の食事の回数は朝昼晩の３回とミルクの後に１日１回の夜の置きエサをします。まずは朝起きたらすぐにフクロモモンガにミルクを与えます。お勤めの人は、夕方の帰宅時に２回目のミルクを与えます。そして飼い主が寝る前にもう一度ミルクを与えます。最後のミルクが終わった後に置きエサをします。

ベビー期の置きエサですが、食べられるだけ与えても問題ありませんが、実際には多く食べることはできません。まずは少量から試してあげてください。食いつきが悪い場合はミルクでふやかすと食欲が増して良くなります。なお、置きエサを食べなくてもミルクだけでも問題ありません。ですからミルクはなるべく栄養価の高いものをおすすめします。

飼育のポイント

ベビー期の主食の切り替えはペレットの与え方が大事

離乳食からペレットに切り替えるコツを知りましょう。

ミルクから離乳食への移行

ミルク主体からペレットを主体とした食事ができるようになるために、その間の期間に離乳食を与えてスムーズにペレット主体の食事ができるようにします。そのためには、徐々にペレットに慣れさせていくことが大切です。したがって離乳食として与えるものは、ミルクに粉末状にしたペレットを混ぜて与えるというのが一般的です。

ミルクからペレットに切り替わるまで

ペットショップからお迎えしようとする場合、多くは脱嚢後1・5ヵ月程度からの赤ちゃんを飼育することになります。脱嚢後2ヵ月以内の赤ちゃんの食事は、1日2～3回程度ミルクを与え、夜に置きエサを置いておくというのが一般的です。

ミルク食からペレット食に切り替わるまでの通常の流れは、お迎え直後は、主食は数回のミルクで、それにプラスして置きエサを与えます。

置きエサには乾燥したペレットや栄養補助として必要であればパウダーフード（配合食）を置いておきます。どうしても食が進まないようであれば生のミキサー食（配合食）を置いておきましょう。

最初はミルク9に対してペレット1程度の割合からはじめて、嫌がらずに食べてくれることを確認しながら徐々にペレットの割合を増やしていきます。

離乳食からペレットへの移行

ペレット入りのミルクに慣れてきたら、次にミルクに浸した固形状のペレットを与えていきます。こうしてペレットそのものを食べてくれるようになれば、最終段階として、ミルクなしのそのままのペレットを与えるようにしていき、問題なく食べてくれるようになれば移行は完了です。ここまでの月齢の目安としては脱嚢後3〜4ヵ月くらいになります。

対策 ペレットを食べてくれなかったら

1日数回のミルクと、それに加えて置きエサとしてペレットを与えている場合、どうしてもペレットを食べてくれないことがあります。その原因として、ミルクを与えすぎている場合があります。ミルクでお腹いっぱいになってしまい、他に食べられなくなっている状態です。この場合は、1回に与えるミルクの量を減らしていくようにしましょう。ただし、急にミルクの量を減らすとその変化に赤ちゃんの体はついていけませんので、1回に与える量を0.5ml くらいずつ減らしていくのが目安です。また、ミルク以外の食べ物、例えばフルーツやゼリーなどを食べてお腹がいっぱいになっている場合もペレットを食べてくれない原因になります。その場合も、そうしたエサの量を減らしていきましょう。

なお、それでも食べてくれない場合は、「ペレット＋ミキサー食」や「ペレット＋パウダーフード」のどちらかの組み合わせにして与えてみましょう。もしそれでも解決しない場合は、体調不良や何らかの疾患がある可能性がありますので、疑わしい場合は動物病院で診察してもらうことをおすすめします。

仲良くペレットを食べている様子

ポイント 27

飼育のポイント

性成熟までのヤング期は、偏食傾向を抑えることが大切

ヤング期（《脱嚢後約5〜10ヵ月程度》）の扱い方を知っておきましょう。

ヤング期の特徴

性成熟（以降はアダルト）までのヤング期の期間は、脱嚢後約5〜10ヵ月程度が目安となります。

この時期は初めて発情を経験します。それによって自我が芽生える子も多く、個々に性格が出てくる時期などといわれております。

ヤング期のフクロモモンガ

ヤング期の食事で注意したいこと

ヤング期には主食の補助やコミュニケーションの手段としてミルクを与えましょう。なお、この時期も固形物をあまり食べない傾向があります。

ただ、心配のあまり嗜好性の高い果物などを中心に与えてしまうと、そればかり食べるようになってペレット食に切り替えることが

難しくなってきます。健康な子であればなるべく果物やゼリーなどを少なくして偏食傾向をおさえ、ペレット食中心にしていくほうが、その後の飼育の難易度は低くなるでしょう。

思春期への対応

ヤング期の飼育でのもう一つのポイントは「思春期」への対応です。

発情や自我の芽生えなど、情緒的に不安定な時期（人間に例えて「思春期」と呼ぶ）は、それが行動面で出てくるのが、かみ癖（遊びかみ）問題です（詳しくはポイント28参照）。

飼い主の手を遊び道具だと理解してしまうと、かみ癖が抜けなくなってしまう個体がいるのです。

この時期には、かじり木やおもちゃをケージ内に入れるなどして対処してあげることが大切です。

なるべく飼い主の手はかまさず、かんでも良いオモチャなどで遊ばせてあげましょう。

増える運動量への対応

活発に動き出す時期でもあります。そのため、1日のうちの運動量もそれまでとは違って増えてきます。回し車を入れてあげることなど運動ができる環境を確保してあげることも大切です。

また、食事の面でも栄養補助としてサプリメントなどでカルシウム、ビタミンDなどを多めに摂取させると良いでしょう。

対策　ミルクはいつまで与えたら良いのか？

フクロモモンガの成長速度は個体差があるために一概にはいえませんが、一般的にベビー期からヤング期への成長過程の区切りをミルク離れで考えるのであれば、脱嚢後4ヵ月程度でミルクを与えるのを止めて、主食のペレットに切り替える時期の目安になります。ただし、ミルクを与え続けることもメリットがあります。なぜならば、ミルクは栄養価が優れており、なにかのご褒美やおやつとして、その後のヤング期、アダルト期、シニア期を通じてフクロモモンガに与え続けても問題ありません。むしろ嗜好性が高いためによく好み、飼い主に慣らすなどの目的にも使えます。

ポイント 28

飼育のポイント

ヤング期の噛み癖へのつき合い方

噛んでくるのは多くがジャレ噛み。適切な対応をすれば噛み癖は止まります。

噛むのは本能

特にヤング期は「噛みたい欲求（または「破壊衝動」とも言う）」が出てくる時期です。噛む行為にはいくつかの動機があります。

具体的には、①怖いから噛む、②「いやだ」というアピールのために噛む、③食べ物だと間違えて噛む、④ジャレて興奮して噛む、⑤確認のために噛む、⑥交尾のために噛む、⑦テリトリーを守るための争いのために噛むということなどです。

なお、③については、食べ物を触ったときは、手を洗ってからコミュニケーションをとるようにしましょう。

噛んできたら

◇噛まれそうになったら

噛もうとする様子がわかれば、フクロモモンガの嫌な時に出す声を真似て舌打ちをするか、きつくやや大きな声で「やめて!」などと注意を促しましょう。

◇噛まれたら

「痛い!」と言って、痛いという顔をして言うことが大事です。フクロモモンガの興奮度（テンション）が上がってきて飼い主の「痛い!」がきかなくなったら、速やかに遊びを止めてケージに中に入れて、テンションが下がるまで待ちましょう。

噛む動機

動機	様子の特徴
①怖いから噛む	威嚇をして噛んでいる。
②「いやだ」というアピールのために噛む	ケージに戻すとき、遊んでいるとき、何か邪魔をしたとき にこの噛み方をする。「チ!」と鳴く。
③食べ物だと間違えて噛む	手に食べ物の臭いが付いているときなど、おやつと勘違い して噛む。
④ジャレて興奮して噛む	ジャレて気分がエスカレートして噛む。
⑤確認のために噛む	噛んでものを確かめる行為。
⑥交尾のために噛む	発情期のオスに特に多くみられる特徴。メスにもある。飼い主の好きな個所に抱き着いて噛む。
⑦テリトリーを守るための 争いのために噛む	オスメスペアリング後に、そのオスによく見られる。他の オスに飛びついてしっかり噛む。ケージに手を入れた際に 強く噛むような場合はこの可能性が高い。

出典：https://www.youtube.com/watch?v=ratQ7UFSDaM（モモンガ博士の動画）

噛まれないようにするには

噛まれてもいいものをケージの中に入れておきましょう。

具体的には、パパイヤやサトウキビの幹や枝がおすすめです。それでも手を噛もうとする 場合は、最後の手段として手袋をして飼い主の手を保護しましょう。

パパイヤ

サトウキビ

ポイント 29

飼育のポイント

思春期と自咬症 ～自咬症にさせないための注意点～

自咬症の個体が増えていると言われています。

かわいい我が子を自咬症にさせないためにはフクロモモンガの特性を理解しておきましょう。

思春期に多い自咬症

自咬症自体は、フクロモモンガの生涯の中で特に決まった時期のみに発症する病気ではありませんが、特に思春期を迎える時期に多いとされています。（P126参照）

自咬症の原因

思春期特有の原因のひとつとしては、ポイント28でも触れているように、「噛みたい欲求」が出てきます。この時期に、噛むという行為や飼育環境の中で自分以外に意識を向けていられるのであれば発症しにくいと言われています。しかし、飼い主が気を遣いすぎて飼育環境があまりにも過保護な状態（飼い主が良かれと思って長くそっとされる（かまってあげない）、周囲の臭いや騒音を遮断されるなど日常的に低刺激的で孤独な状態）でいると、その個体の意識は内側に向き（自分の殻に閉じこもる状態）、自分の体を対象に衝動的に破壊的な行為をするようになっていくのが発症のきっかけとされています。やはりある程度の刺激が必要なのです。

噛みたい欲求のはけ口が必要

◇噛んでいいものをケージの中に入れておく

噛みたい欲求は本能に根ざしているため、それをさせないのではなく、ケージの中に常に 噛んで良いもの「(ポイント 28 でも紹介したパパイヤやサトウキビの幹や枝)を入れておくことや、静かすぎることのないようにある程度の生活音が感じられる、あるいは、最低でも一日に一回は窓を開けて外の空気が流れ込むことによって外の音や臭いが感じられるようにするといいでしょう。

◇飼い主がより愛情を注ぐ

実は、噛んで良いものを入れておく以外の方法でも噛みたい欲求が解消されることがあ ります。それが、「愛の欲求」を満たしてあげることです。

それは、一日のうちでより多く、長く飼い主が愛情をもって接するということです。具体的には、飼い主がその個体の体を触ったりなでたり、話しかけてあげたり、一緒に遊んだりしてよくかまってあげることが大切です。すると、そうした噛みたい欲求が解消され やすくなるのです。

なお、以上のことをしてあげる際は、毎日の日課「(ルーティーン)(ポイント24参照)として行うことが大切です。

飼い主がかまってあげられないときはペアリングを考えるのもあり

愛の欲求を満たしてあげる方法は飼い主様だけができるものではなく同種のフクロモモンガでも満たしてあげることができます。飼い主様が忙しく、かまう時間が取れないときなどはペアリングをしてあげることで愛の欲求が満たされ、自咬症を防ぐきっかけにすることができます。

自咬症をペアリングで乗り越えた

飼育のポイント

アダルト期は、生殖器の疾患や自傷行為に注意しよう

アダルト期（誕生後約1歳《脱嚢後10ヵ月程度》～7歳程度まで）の扱い方を知っておきましょう。

オスの臭腺

アダルト期は、性成熟後、つまり誕生後約1歳～7歳程度までの期間を言います。

この期間の主なオスの特徴は、ポイント20でも述べましたが、臭腺の発達です。臭腺は、頭、胸、手足の表面、外耳の内側、口の隅、肛門にあります。特に目立つ部分は頭や胸の部分です。頭部はひし形状に脱毛し、胸部は脱毛や変色します。自分の縄張りを主張してマーキングしたり、メスと一緒に飼育している場合は、メスに臭い付けをします。

メスは妊娠・出産

性成熟を果たしたメスは、飼育下では1年を通していつでも妊娠・出産が可能な状態になります。

とは言え、生体への負担を考えると、年に2回の出産が一般的です。1回の出産で生まれる個体の数は、通常1～2匹ですが、まれに3匹産まれることもあります。乳頭の数は4つあるため、4匹まで一度に育てることができる体の構造になっています。

お腹の膨らみなどによりメスの妊娠がわかった際に飼い主は、ふだん以上の食事量および栄養を与えてあげましょう。（ポイント46参照）

発症しがちな病気に注意

この時期に特に注意が必要なのは、気をつけていないとかかってしまいがちな病気があるということです。

それはクル病や自咬症です（ポイント29、P126参照）。食事で嗜好性の高いエサばかりを与えてしまっていると、カルシウムが不足しがちになります。クル病は、そのことにより骨が曲がったり、骨折しやすくなったりする病気です。また、体調を崩したりすることもあります。

自咬症は、ストレスが主な原因と考えられ、自分で自分の体、例えば尾や性器、肛門などをかんで傷つけてしまう病気です。

もちろん病気ですから、どの成長段階でも発症の可能性はありますが、アダルト期にも特に注意して下さい。

ペレットを食べなくなったら

飼育している中で、フクロモモンガが主食のペレットを食べなくなることがあります。闘病中や体調が悪い個体、ベビーやシニアの個体を除いて、そのような個体に共通した点は、嗜好性の高い食べ物に慣れさせてしまっていたり、もともと少食だったりする場合が多いものです。

嗜好性の高い食べ物に慣れさせてしまった場合は、ペレットを食べてくれる確率は減ります。嗜好性の高い食べ物とは、ミルクやフルーツ、昆虫などペレットに比べて嗜好性の高いもののことをいいます。

また、少食な個体も、ペレットを食べてくれない個体が多いです。例えば、おやつを与えている場合、少量のおやつでもお腹いっぱいになってしまいます。こういう個体はおやつの量を抑えることが大切です。

これら2つのケースで、ペレットを食べてもらう具体的な方法としては、ミルクなどの嗜好性の高いフードを上から振りかけて混ぜて与えると良いでしょう。それでも食べてくれない場合には、ペレットを一度粉砕してからミルクを混ぜて与えてください。そうすると食べてくれる確率が上がります。

アダルト期のフクロモモンガ

ポイント 31

飼育のポイント

シニア期は今まで以上に温度管理や落下などのケガに注意しよう

シニア期（7歳くらい～）の扱い方を知っておきましょう。

今まで以上に温度管理に注意

7歳くらいからはシニア（老年）期に入ります。老化が進みます。老化が進むと若いときのように冬の寒さや夏の暑さに体がうまく対応できなくなったり、免疫力が下がり病気にもかかりやすくなってしまうので、今まで以上に温度管理に注意をしましょう。

安全な環境づくり

運動能力が落ちて動きが鈍くなったり、視力が弱ったり、食も細くなったりします。

安全に暮らせるようにケージ内の環境にも配慮する必要もあります。特に今まで高い場所で問題なく過ごせていた個体も、場合によっては落下してしまうこともあるため、ケージ内のレイアウトを変更して段差を減らして低くしたり、

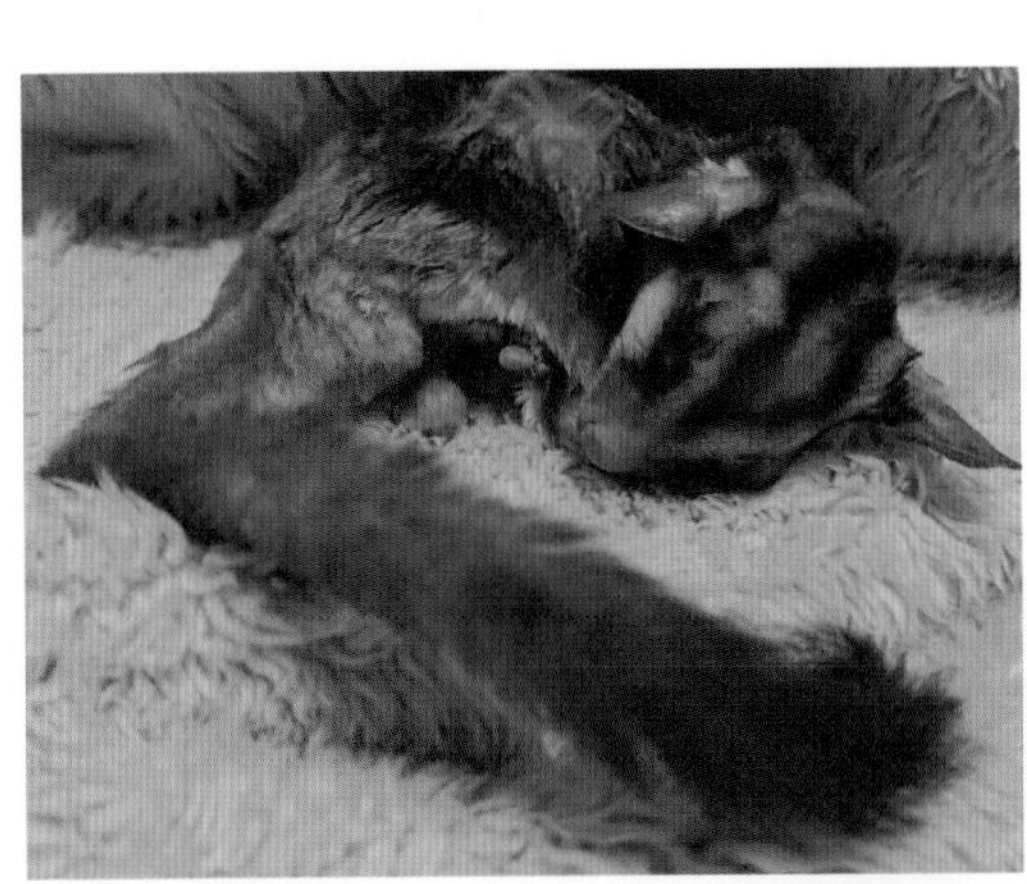

9歳のフクロモモンガ

落ちたときにケガをしないように床材をたっぷり敷くなど工夫をしましょう。

個体に合わせて食事の見直しを

高齢になると食欲が落ち、しかも水分もうまく摂取できなくなりがちです。食が落ちてきたら、ミキサー食やパウダーフードなど消化吸収の良い食べ物を与えましょう。また、水分の摂取量が落ちて脱水症になりそうな個体には、市販の小動物用の電解水（水分や電解質の補給を目的としたドリンク）を与えると良いでしょう。

なお、今までケージに掛けるタイプの給水ボトルを使用していた場合、それが飲みにくそうであれば、下に置くタイプの給水皿に替えてあげることも必要です。

定期検診が大切

この時期に入ったら、専門家である獣医師の目でしっかりと健康が管理された状態かどうかを診てもらうために、半年に1回、あるいは、その個体の状態にもよりますが、できれば3ヵ月に1回を目安に定期的な検診をおすすめします。

対策 シニア期のケガや病気のリスクに注意

シニア期のリスクについては、前述のように、運動能力の衰えとして、手足の力が弱くなり、登り木などで上に登るのが大変そうに見えたり、下半身の肉が落ち始めるため、足もとがおぼつかなくなってきたりします。また、ふだん通りジャンプしたつもりでも、踏ん張りが足らずにミスしてケガをするリスクもあります。さらに、視力が落ちることによって足を滑らせることもあります。

内臓の機能も衰えてきます。下痢や便秘、疲れやすいといった様子が見られます。また、食欲がなくなり、痩せ細ってくることがある半面、食欲はあまり変わらないと、運動量が落ちてきているために逆に体重が増加することもあります。また、毛づくろいをする頻度が減ることによって、毛並みも悪くなってきます。さらに、免疫力が衰えるため、病気になりやすく、寝ている時間が長くなります。

以上のように、シニア期のフクロモモンガにはそれまでのアダルト期と比べて、老化によるさまざまな能力や体の変化が出てきます。長生きしてもらうためには、飼い主はこの時期を迎えるフクロモモンガのことを十分理解したうえで、それまで以上の愛情をもって、できるだけ快適な環境をつくってあげましょう。

コラム❷

飼い主が陥りがちな、間違った飼育方法と、それが原因となる病気について（1）偏食

コラム❷～❹で、田園調布動物病院内で行われた
田向先生とモモンガ博士との対談内容をお伝えいたします。

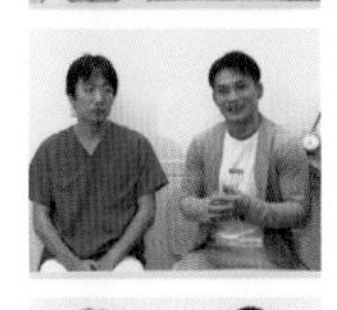

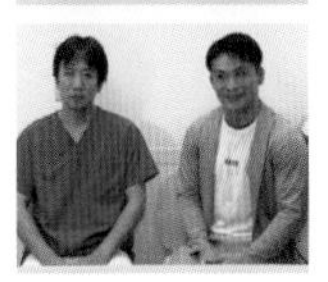

モモンガ博士「飼い主が陥りがちな、間違った飼育方法。これ聞くと、なんか想像されることってありますか?」

田向先生「やっぱり1番初めはエサですね。」

モモンガ博士「あー、やっぱり。」

田向先生「今でこそ、モモンガ専用フードがいくつか出ていますけど、私がモモンガを見始めた15年くらい前は、あまり専用のフードは出ていませんでした。ミルクを飲んでるような小さな子で、離乳をして、離乳食を食べて、あとペレットフードを食べてという過程で、結構偏食する子が多い。」

モモンガ博士「ハイハイ。もうむちゃくちゃわかります。そこです、そこです。」

田向先生「上手く切り替えていけない。そこで、例えば食べの良い果物とかをあげると、そればかり食べて、メインのペレットを食べなくなるんです。」

モモンガ博士「僕がいいたいこと、全部いっていただいて……。」（笑）

田向先生「そうなるとですね、飼い主さんとすると、これが好きなんだから、しかもこれしか食べないから、ということでフルーツしかあげない。そうなると栄養失調になるモモンガっていうのが、非常に多いですね。ひどい子はですね、背骨が曲がってきたりとか足が曲がったりとかですね。そういう病気になる子は結構いますね。これ、エサの偏りですね。」

モモンガ博士「僕ね、あのエサの偏りが起きる原因というのに、やっぱり一つあるのが、飼育下の動物だっていう認識っていうのが、飼い主の皆様に、ちょっと愛が有るが故に、欠けてしまっているような気がするんです。例えばなんですけど、飼育下の動物を野生界に全て近づけるというのは、正解じゃないんですね、実はね。例えば、そのペレット食。僕もペレット食っていわれている配合食を先生と同じで、おすすめさせていただいているのですけど、なるたけペレット食を中心に、そのあげてもおやつ程度、っていう感覚で、食事をあげていただく。ただ、自然食というか、フルーツだったり自分でっていう方のご意見というのはよく聞くんですけど、それが「野生の子はそんなペレットって食べないじゃない?」という。ただ実は、そもそも飼育下という状況が野生下と全く違うというのと、あとは毎日決まった栄養を、今の日本人の生活環境の中で、その子に決まった栄養バランスでご飯を与えられるのか、それはちょっと難しいというのが正直ありますね。」

田向先生「まあ、難しいですよね。」

モモンガ博士「できないですよね。僕もよく「毎日決まった量をあげればいいでしょ」っていわれますが、多分不可能だと思います。僕自身がフクロモモンガちゃんを、2匹ベビーから寿命がなくなるまで、関わっていたのですけど、やっぱり1匹はペレット食で、もう1匹は自分で栄養バランス考えて育てさせていただいたんですけど、やっぱりペレット食の方が簡単なのと、僕が見てきた2匹では、全く寿命は変わらなかった。ですので、やっぱり
まずペレット食っていうのを中心にするっていう考えがいいかなと思う。」

田向先生「うん、私もそう思いますね。」

…続きは動画で…
「スペシャル対談!!　田向健一×モモンガ博士」
より一部抜粋
https://www.youtube.com/watch?v=-oaun4njvQs

第3章

飼い方・住む環境を見直そう

～飼い方・住む環境を見直すポイント～

飼い方・住む環境の見直し

仲良くなるために恐怖心を植え付けないように気をつけよう

決して無理のないコミュニケーションを心がけましょう。

あせって慣らそうとしない

特にアダルト期の個体を自宅にお迎えする場合、人に懐いた状態で迎えられればいいのですが、一般的にアダルト期の場合には、飼い主に懐くまでに3ヵ月〜半年くらいはかかります。

もちろん、その個体にもよりますのでそれ以上かかる場合もあります。あせらないでください。急がずフクロモモンガのペースに合わせてゆっくりと徐々にお互いの距離を縮めてあげてください。

懐きやすくする方法

有効な方法は「意識外からのアプローチ」です。これは後述するミルクに対してフクロモモンガの関心を引き留めている間に、少しずつ飼い主に慣れてもらう方法です。

最初はミルクを見せただけで逃

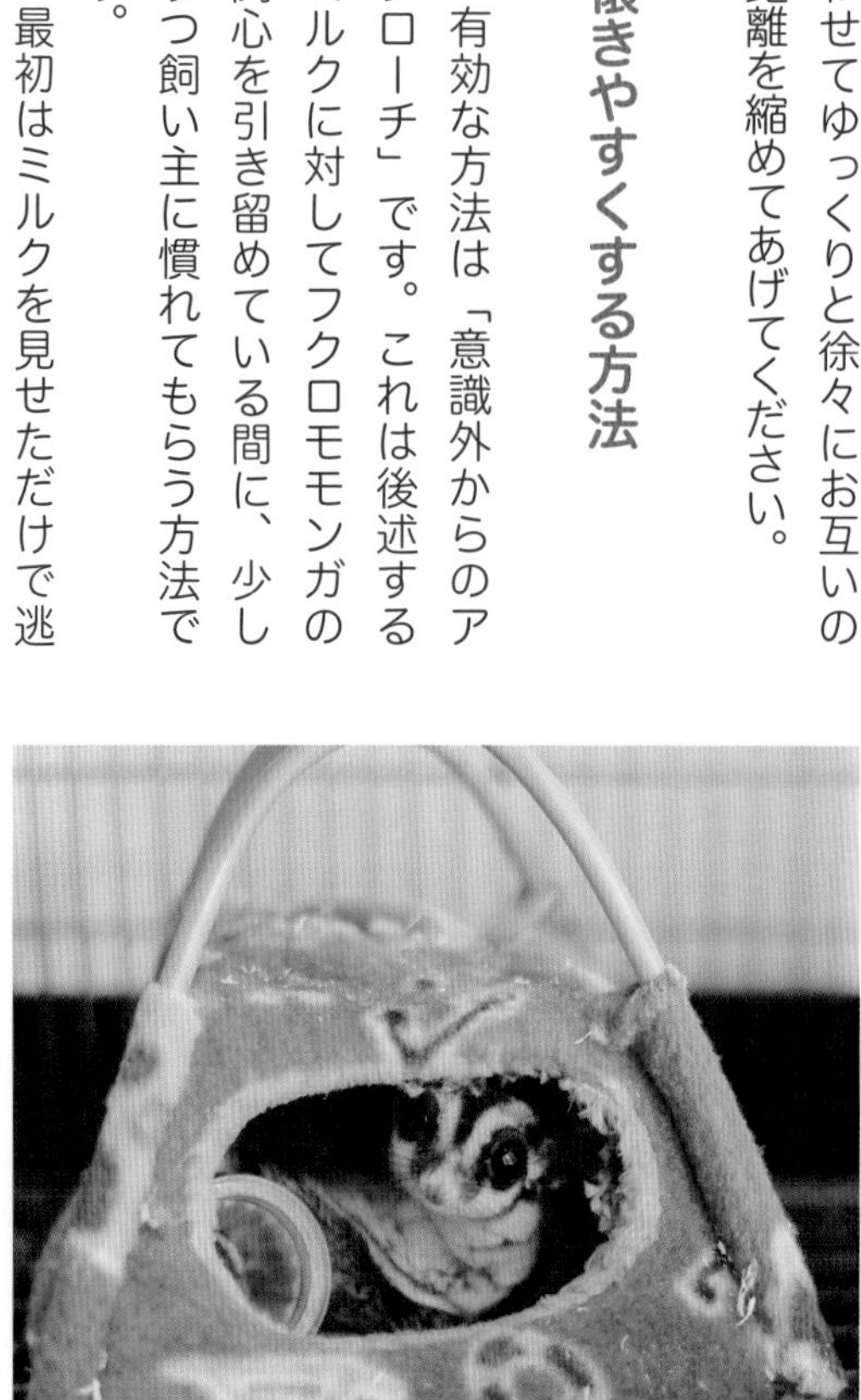
飼い主の様子をうかがっているフクロモモンガ

げますが、名前を呼んでミルクを与えることを繰り返します。そうするとフクロモモンガに名前とミルクの関連付けができます。そのうち、名前を呼んだら待っていてくれるようになれば次の段階に進めます。今度は手とミルクを関連付けします。ミルクを与えている反対の手をフクロモモンガの近くに置きます。手＝ミルクが飲めて良いという関連付けを行います。

そして手を怖がらなくなったら、ミルクを与えながら反対の手で触ります。こうして意識外のアプローチをします。このようにして飼い主との距離を縮めていくといいでしょう。

良好な信頼関係を築くには

フクロモモンガと長く仲良くしていきたいのなら、フクロモモンガのそばで大きな物音を出したりしないようにしましょう。音に敏感なフクロモモンガが怖がって警戒心を強めてしまい、懐きにくくなってしまいます。

フクロモモンガが安心して過ごせるように、愛情を持って世話をしていれば、やがて懐いて来て良好な信頼関係を築くことができるようになるでしょう。

対策 仲良くなる秘訣

慣れていない個体は寝床をポーチにすることをおすすめします。寝たままのポーチを飼い主の洋服の中に入れて１日３時間以上一緒にいてください。臭いを覚えるには最低１日３時間くらいかかります。声掛けは必ずし、ミルクを与えてください。名前を呼んでミルクを与えることを１日３回くらい繰り返します。ポーチの中に入れたまま優しい言葉をいつも言ってあげます。また、こうすることで、飼い主の周辺から聞こえてくる生活音（大きな音ではなく、人が生活するうえで普通に聞こえてくる話し声や物音など）に慣らしていくことにもなります。なお、ポーチからの脱走には細心の注意を払いましょう。

ポイント 33

飼い方・住む環境の見直し

仲良くなれる上手な持ち方を習得しよう

恐怖心を与えない、包み込むような持ち方をマスターしましょう。

最初はポーチの中に手を入れてフクロモモンガを持とう

基本的にフクロモモンガは手に持たれるのは苦手です。まずはこのことを理解しておきましょう。ポーチの中に入れたフクロモモンガにミルクをあげたりすることで人の手を怖がらなくなったら、最初はポーチの中に手を入れて個体を持ちましょう。何度かやってお互いに慣れてきてできるようになったら、次にポーチから外に出して持てるようにしましょう。

上手な持ち方を覚えよう

フクロモモンガの持ち方には主に「おにぎり持ち」「お腹持ち」があります。手で包み込むようにそっと囲ってあげるようにするのがおにぎり持ちです。

次にお腹持ちです。お腹を使ってしっかりと持ちます。個体が小さなうちはおにぎり持ちがいいのですが、大きくなるとそれができ

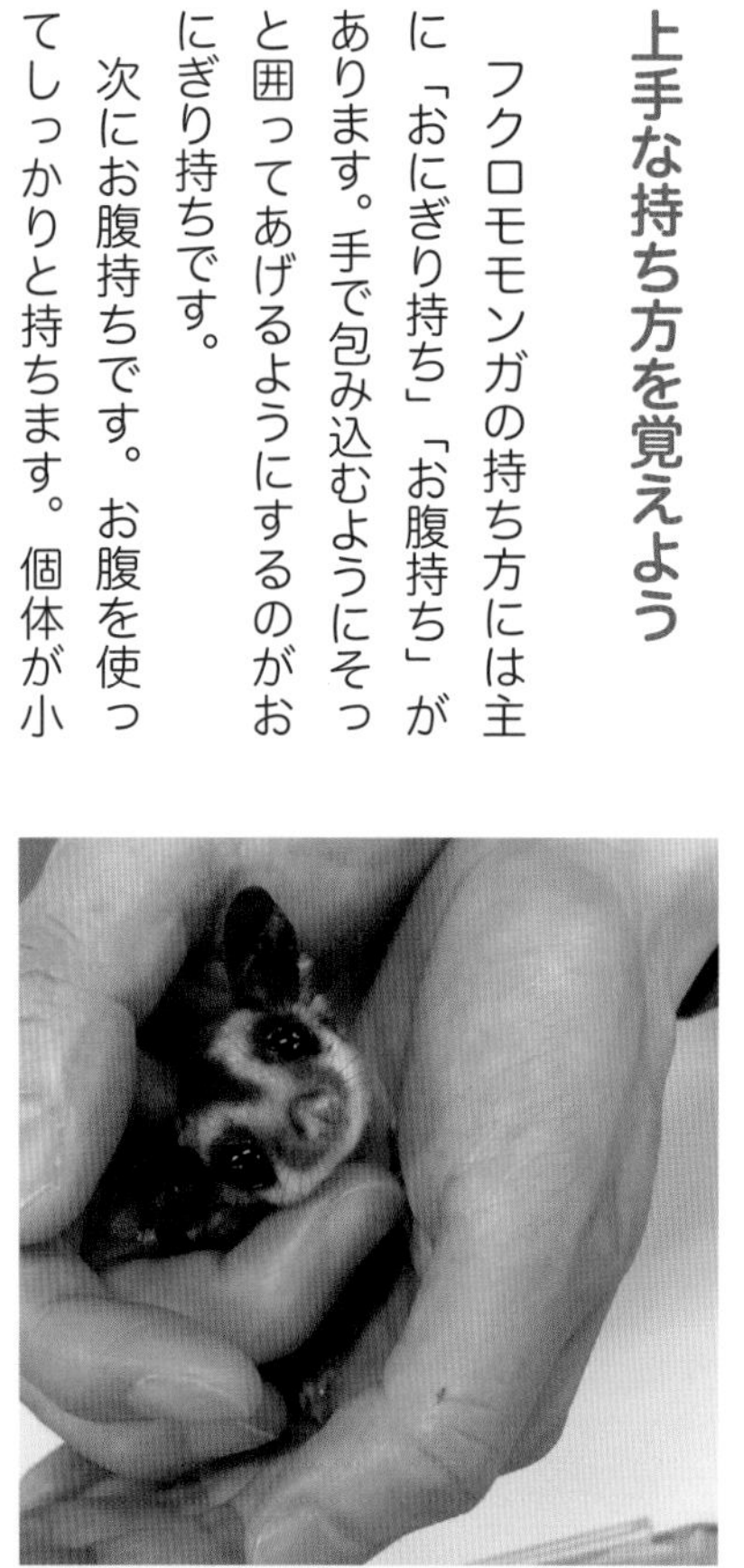

包み込むようにそっと囲うおにぎり持ち

なくなってしまう個体もいます。手の中に納まりきれなくなったときはお腹持ちをしましょう。

お腹を使ってしっかりと持つお腹持ち

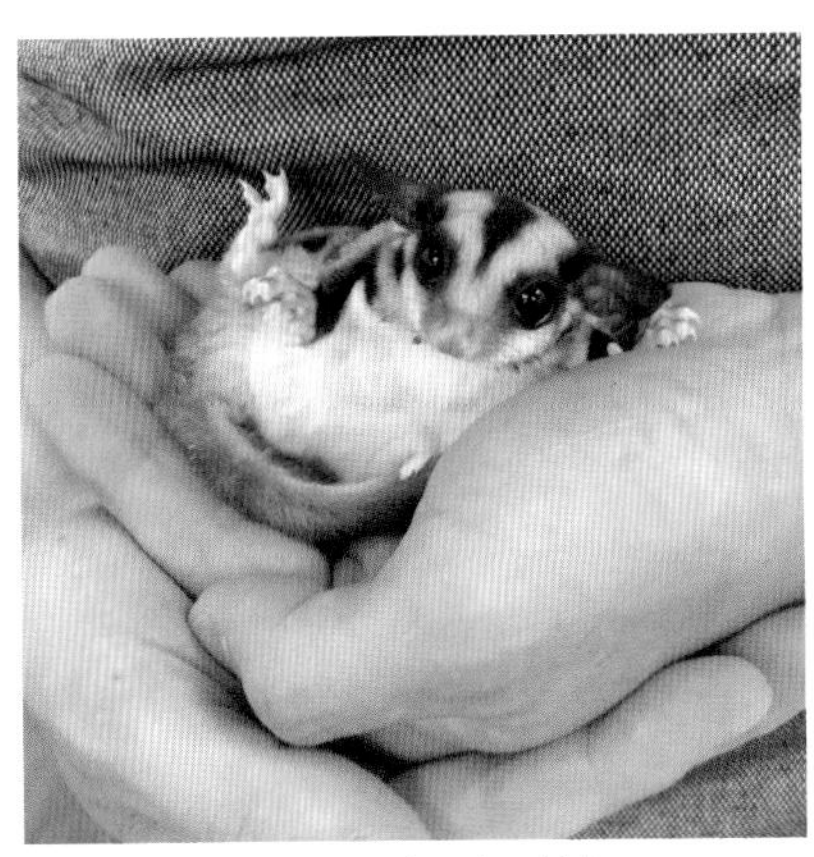
かなり慣れてきたらできるお皿持ち

さらに、慣れていれば「お皿持ち」もできます。ただし、この持ち方は、手の上が開放されますので、あくまで飼い主にかなり慣れた段階での持ち方となります。

NGな持ち方

やってはいけない持ち方としては、上からつかむような持ち方です。やってしまうと恐怖心を与えてしまうこともあります。小動物全般にいえることでもありますが、猛禽類などの外敵に襲われる際にはそうなるように、足が空中に浮くとそれだけで本能的に不安になります。持つときは前述の方法で、事前に一声かけて持つようにすると、飼い主とより良い関係ができるでしょう。

Check!

もっと仲良くなれる持ち方

フクロモモンガともっと仲良くなるには、持ったり抱っこしたりしているときに、飼い主の手の指で撫でてあげるといいでしょう。

フクロモモンガが撫でられて喜ぶ場所は、あごの下（胸も含む）、頭頂、頬（ほお）です。

あごの下（胸も含む）には臭腺があり、臭腺には汚れが溜まりやすく、かゆくなっていることがあります。そこを擦ってあげると気持ちいいと感じてくれます。また、オスは臭いを付けるときに胸をメスに擦り付ける習性があるため、逆に飼い主が胸を擦ってあげると「好きですよアピール」をすることができます。

また、2つ目の頭頂にも臭腺があります。オスはメスを好きになると頭頂をメスに擦り付けます。これも、フクロモモンガが相手が好きだと思うときにやる行動を逆にやってあげると、やってくれる人を好きになります。

3つ目の頬は、多くの飼い主の経験上でいえることですが、耳の後ろあたりから撫でてあげると喜びます。

飼い方・住む環境の見直し

週に1回は大掃除をしよう

フクロモモンガを病気から守るためにも、定期的にケージの大掃除を行い、生活環境を清潔に保ちましょう。

大掃除は週に1回は行おう

ケージにはプラスチック製、アクリル製、金網製がありますが、定期的に丸洗いは欠かせません。

毎日行う清掃（ポイント13）に加えて、週に1回はケージ内のステージやステップ、登り木、回し車、壁面などを丸洗いしましょう。

汚れが特にひどくない場合は、お湯とスポンジで洗浄すると良いでしょう。

特に木製のステージやステップなどは汚れたら交換しましょう。したがって、予備が幾つかあると便利です。おすすめなのはメッシュ型ステージです。汚れたら洗い、洗った後のものは、太陽に当ててじっくりと乾かし、何度でも使い回すことができます。

大掃除の方法

ケージやメッシュ型のステージ、回し車などのほかに、水入れに給水ボトルを使っている場合は、中までよくゆすぎましょう。また、床材として木製チップやトイレ砂を敷いている場合は、一見きれいな状態のように見えても、おしっこがかかっている場合もあります。週に1回はすべて新たな床材と交換することをおすすめします。この交換を忘れると、不衛生なだけでなく病気の原因となることもありますのでくれぐれも注意しましょう。

あまり目立たない隙間もチェック

　フクロモモンガの排せつ物は、アクリル製のケージであれば、壁面の通気口や下の部分にある排せつ物を受けるトレーやその周辺のわずかに空いた隙間などにも飛び散っていることがあります。そうした細かな部分も清掃しましょう。また金網製のケージでは、ケージの周辺に排せつ物が飛び散っていることが多く、ケージ清掃だけではなく、その周囲も清掃しておきましょう。

Check!

ケージの水洗いの流れ（金網製の場合）

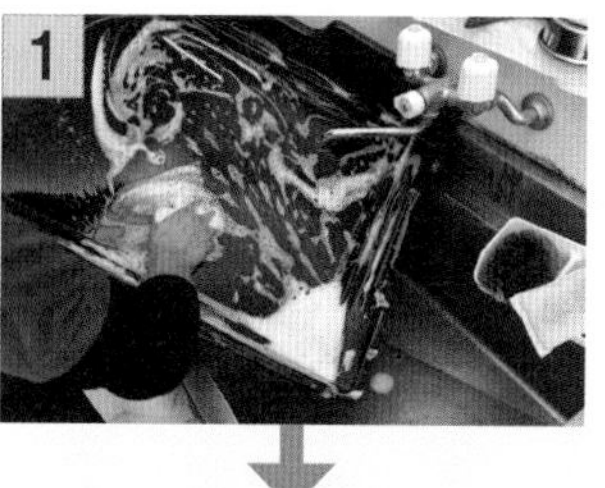

ケージを上の網部分と下の受け板部分を離して、下の部分を洗剤をつけて丹念に洗う。特にフンや尿が付着する底の部分をまずはよく洗いましょう。

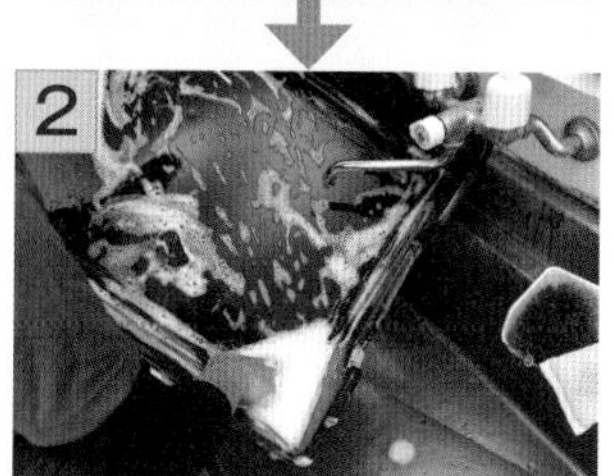

特に角は見落としがち。入念に洗いましょう。

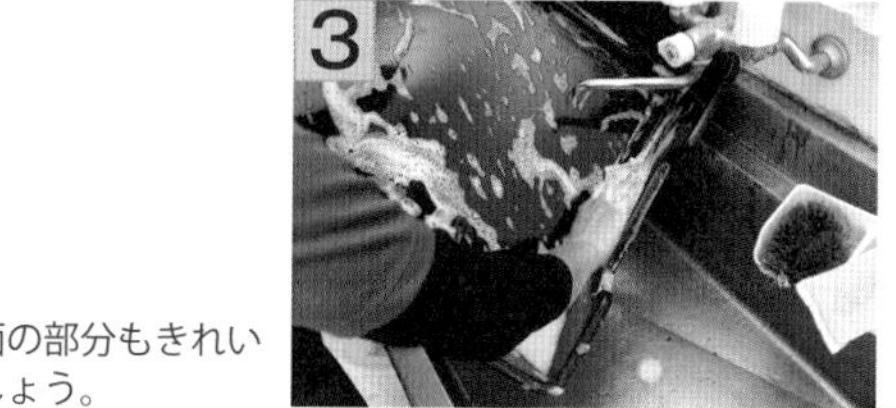

同様に側面の部分もきれいに洗いましょう。

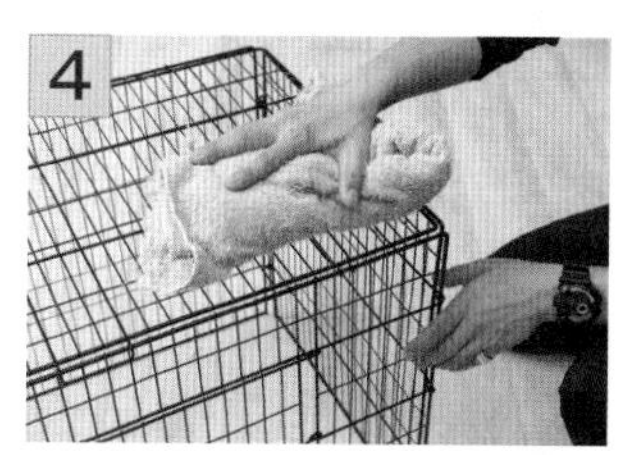

次に、上部の網目の部分も同様に洗剤をつけた布で全体の汚れを落とします。

洗剤を落としたら乾ぶきして終了。

飼い方・住む環境の見直し

ドアの近くやTVなどの近くにはケージを置かないようにしよう

フクロモモンガが快適に過ごせる環境を整えるためにも、ケージの置き場所を工夫しましょう。

設置する場所の基本

ケージを設置する場所の基本は、飼い主の目が届き、静かで適切な温湿度管理ができる場所です。また、飼い主にとっては寝ている夜中に、夜行性のための活動音に悩まされないことや、金網製のケージを利用する場合は周辺が汚れる可能性も高いため、汚されたくない場所は避けることも大切です。そのほか、次からの注意点も考慮に入れて置き場所を考えましょう。

直射日光があたる窓際には置かないようにしよう

ケージはフクロモモンガが安心して暮らせる場所に置きましょう。直射日光があたる窓際はケージ内が熱くなりすぎてしまいます。また、外からの風が入りやすく、気候によっては外気温とケージ内の温度差が激しくなるので、なるべくこの場所にケージを置かないようにしてください。

大きな音が出ているTVや音響機器の近くは避けよう

聴覚が発達しているフクロモモンガは、騒がしい音がするTVや電化製品の近くにも置かないようにしてください。生活音として聞こえる程度であれば問題はありません。

エアコンの送風が直接当たる場所を避けよう

エアコンの送風が直接当たる場所も体温調整が難しくなるので避けましょう。

ドアの近くに置くのも避けよう

ドアの近くは人の出入り音と外気が入るため、落ち着かない場所であると同時に温度管理もしにくい場所になります。避けたほうが良いでしょう。

他の動物がいる場所の近くも避けよう

臭覚が鋭いため犬、猫、フェレットなど他の動物がいる場所の周辺にケージを置くことも避けましょう。

床から少し高い場所に置く

床は思っている以上に気温の寒暖差があり、歩いたときに埃が舞い上がって振動も響きます。キャスター付きのケージを選ぶか、台を置いて床から20～30㎝の場所にケージを置くことが望ましいです。

Check!

その他、ケージの設置に不適切な場所

フクロモモンガのケージを置く場所として、騒がしくない場所だからといって、「寝室」や「物置」、「倉庫」といったふだんあまり目が届かない場所もふさわしくありません。

フクロモモンガは飼い主に慣れてくると、逆に飼い主の存在が近くに感じられない場所に置かれると、かまってもらえず寂しく思います。そして、放っておかれることにもストレスを感じやすくなります。特に単頭飼育の場合はなおさらです。とはいえ、静かな場所でよくかまってあげられるからと子供部屋に置くのも、場所として適切ではない場合があります。なぜなら、あまりかまいすぎで、フクロモモンガが休息することがあまりできなくなることが懸念されるからです。いずれにせよ、安心・安全で、かつ適度にかまってもらえるような、飼い主に近い場所がフクロモモンガにとっては快適な場所となります。

ポイント 36

お留守番

一時的に世話ができなくなったときの対処法を心得ておこう

一人住まいの飼い主が、なにかの事情で一時的に世話ができなくなるときの対処法を心得ておきましょう。

留守番の準備

家での留守番は基本1泊まで、長くても2泊が限度

旅行や出張の予定ができて自宅を留守にする際に、フクロモモンガをどうするのかを早めに考えて準備をしましょう。

フクロモモンガを家で留守番させるには、健康なフクロモモンガが前提となりますが、基本1泊までで、長くても2泊が限度です。もちろん、飼い主が留守にしている間も温湿度管理がなされていることが条件となります。ただし、停電やエアコンの故障などのトラブルがあった場合はこの限りではありません。飼い主が留守にする間、フクロモモンガにとって問題なのは、水やエサ、そしてケージ内に落とされた排せつ物などの掃除ができないという衛生面での問題、さらに、飼い主と日常的に遊んでいる場合、単独でいるストレスから自咬症（P126）の発生原因になるなどの危険性もあります。

お出かけ時にはいつもより多めの食事を用意

留守番時には、予定日数分より多めの主食（ペレット）を用意し、給水ボトルは複数取り付けておきましょう。そのまま置いておくと傷みやすい副食は、1回で食べきれる量にしておきましょう。

ペットシッターに来てもらう

留守番の間、自宅でフクロモモンガのお世話をしてくれるペットシッターにお願いするという方法もあります。

事前に世話の仕方やフクロモモンガの性格などをしっかり伝えて、打ち合わせをしてください。

家族や友人にお願いする

留守番時に家族や友人に家に来てもらって、世話をお願いする方法や、その人の自宅で預かってもらうという手段もあります。

その場合は温湿度管理の仕方や食事の量をはじめ注意するべきことなどをメモに書き、渡しておくといいでしょう。

なお、家族や友人の家で預かってもらう場合には、他の動物がいないかといった点は事前に確認し、もしいる場合は、一つの部屋に一緒にすることは避け、なるべく離れた場所にケージを置いてもらいましょう。

Check!

ペットホテルに預ける場合の注意点

特にペットホテルに預ける場合は、年齢の制限があることもあるので、事前にしっかりチェックしておきましょう。

預かってもらえることが確認できたら、予約したい日が空いているかを確認して予約し、実際に預けるときに予定日数分より多めの食事を持参しましょう。

預ける際に注意点がある場合は、必ず担当の人に伝えておいてください。

ただし、フクロモモンガは警戒心が強く臆病な性格のため、違った環境に慣れることが難しいことと、他の動物の鳴き声にも大きなストレスを感じてしまうため、なるべく小動物専用ルームがあるペットホテルを探しましょう。

なお、もしもフクロモモンガの体調に不安がある場合は、ペットホテルを併設している動物病院に預けると良いでしょう。

四季に合わせた環境づくり

春は気温の寒暖差に気をつけよう

春は、運動量が多かったり発情しやすい時期ですが、昼夜の寒暖差には注意しましょう。

春は気温の寒暖差に気をつけよう

春は、日中はポカポカと暖かいですが、明け方や夜はまだまだ冷え込んで寒く、昼間と朝晩の気温に寒暖差がある時期です。人間の体感ではとても暖かくなったように感じて温度管理への注意を怠りがちですが、場合によってはヒーターで保温したり暖房をいれたりする必要もあります。特に幼齢、高齢、闘病中などのフクロモモンガにとって急激な冷え込みには注意が必要です。

大型連休に家を留守にする場合は

ゴールデンウイークの時期に入ると帰省や旅行で家を留守にする人も多いかもしれません。

しかし、ゴールデンウイークの時期は寒暖差を予想するのが難しい時期でもあります。日中は真夏のような暑さになることがある反面、朝や夜は寒さが残る場合もあるため、うっかりして暑さ対策をせずに留守にしてしまい、フクロモモンガを熱中症で死なせてしまうといった不幸な事故を起こしかねません。

そうしたことのないように、留守中の管理に不安な場合は、事前に対処法を考えておきましょう。（ポイント36参照）

四季に合わせた環境づくり

夏は衛生面や温度管理に気をつけよう

ケージ内には自分にとって快適な場所に移動できるように逃げ場をつくることが大切。

熱中症に注意

夏の時期は、室内の温度が最高でも30度以上にならないように注意しましょう。

ケージの設置場所の工夫や風通しを良くするなど自然冷却により室温が快適な範囲内（25度～28度）に収まらない場合は、エアコンを使用してケージのある部屋全体の室温を下げましょう。また、さらにケージ内には冷却グッズを置くなど、暑さ対策を行うことがおすすめです。ただし、このときにフクロモモンガの体を逆に冷やしすぎないように、エアコンからの送風は直接当たらないように注意し、できればそよ風程度の空気の流れをつくるために扇風機の首振り機能を使ってあげるといいでしょう。なお、室温とケージ内（特にアクリルケージなどの場合）は温度の差が生じますので、適宜温度を確認するようにしましょう。

水の補給とエサの適切な管理が大事

この時期は、特に新鮮な水との交換や水を切らさないように注意して下さい。

また、果物や野菜などのエサは傷みやすいため、冷暗所や冷蔵庫に保管してしっかり管理しましょう。なお、一度置きエサとして与えた食べ物の食べ残しはすぐに捨てるようにしてください。

四季に合わせた環境づくり

秋は冬に向けての保温対策の準備をしよう

秋は冬の寒さに向けての準備期間となりますが、フクロモモンガにとって発情しやすく、運動量が増えて食欲が盛んになります。食べさせすぎに注意しましょう。

秋は肥満に気をつけよう

秋になるとフクロモモンガも、モリモリと食欲が旺盛になります。

飼育下のフクロモモンガは、野生のときのようにエサを求めて森の中を飛び回るなどの十分な運動をしなくても、安定した食事を摂取することができます。そのため、十分すぎる栄養を摂ることができる反面、十分な運動量がこなせずに、ともすると肥満になりやすくなります。年間を通して肥満には注意が必要ですが、エサやおやつを必要以上に与えないようにして、体重管理をしっかり行いましょう。

換毛期の抜け毛を取る

秋から冬にかけて換毛の季節です。夏毛が多く抜け冬毛に換わります。フクロモモンガがグルーミングしながら多くの毛を飲み込まないようにブラッシングしてあげましょう。（ポイント21参照）

冬に向けての保温対策

秋は日中と夜とで、寒暖差が激しくなる時期です。季節の変わり目は体調をくずしやすいので、特に早朝の冷え込みと日中の高温に注意してあげましょう。

ポイント40

四季に合わせた環境づくり

冬は乾燥と温めすぎに気をつけよう

冬は、暖かな環境をつくることはもちろんのことですが、乾燥や温めすぎに注意しましょう。

なるべく暖かい環境をつくる

防寒対策として、直射日光が当たらない程度の窓の近くや隙間風が入ってこない場所、なるべく温かくて温度差があまりない場所にケージを設置するようにしてください。また、ケージ全体を毛布やタオルケットなどで覆う、ケージの外側を段ボールやウレタン素材などの囲いで覆う、ケージを床に直接置いている場合には床から少し高い位置に上げて置く、などは有効な方法です。

なお、乾燥にも注意しましょう。最適な湿度は50％前後です。

暖気からの逃げ場をつくることも大事

ケージ内を過度に暖めすぎてしまうと低温やけどを起こしてしまう危険性があるので注意が必要です。

ケージの下に敷く小型のホットカーペットを利用する場合は、全面を暖めるのではなく、半面程度か一部を暖めて、フクロモモンガが快適な場所を自ら選べるようにしましょう。

また、リビングにフクロモモンガのケージを置いて一緒に過ごす場合は、人間の適温とフクロモモンガの過ごしやすい温度は異なるので、ケージ内の温度を適宜チェックするなどして注意しましょう。

飼い主が陥りがちな、間違った飼育方法と、それが原因となる病気について（2）肥満

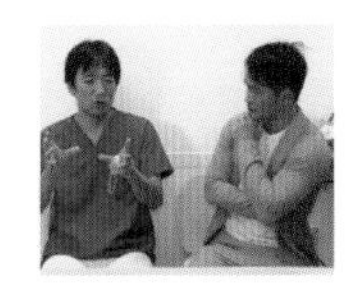

コラム❷～❹で、田園調布動物病院内で行われた
田向先生とモモンガ博士との対談内容をお伝えいたします。

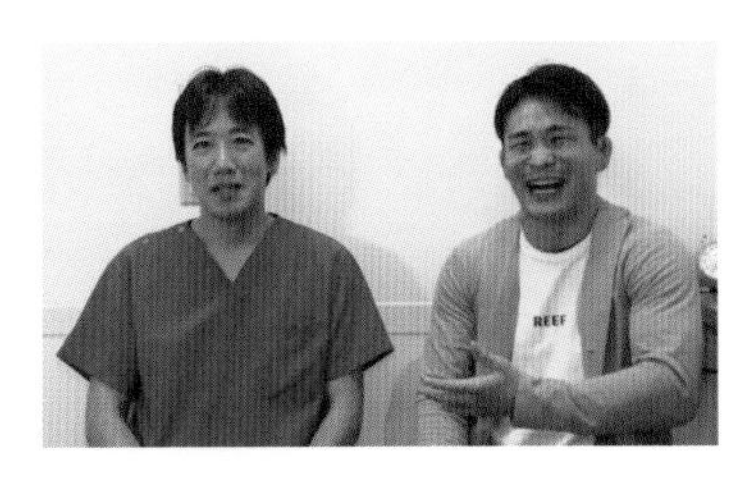

モモンガ博士

「やっぱり肥満が多いですよね。」

田向先生

「おやつあげていると肥満になっちゃいます。本当にコロコロのダルマみたいなフクロモモンガが多いので、やっぱりペレット食で、少し果物かおやつをあげるっていうのが基本の飼い方になると思います。」

モモンガ博士

「目的をもって与える分にはいいんですけど、やっぱり「可愛いから」だったりとか、いろいろな食べ物をあげないとかわいそうだからっていうのだと、ちょっと変わってきてしまうと思うんで、その逆にあげちゃった方が、かわいそう。」

田向先生

「かわいそう。おいしい味を知っちゃうからね。」

モモンガ博士

「知っちゃうんで、その欲が増えちゃうようなイメージが。多分僕も田向先生も、いろんな動物を飼ってきていると思うんですけど、1 回あげると覚えるんで。欲しくなってしまう。」

田向先生

「あとはですね、体調崩したときに同じものを食べてれば、エサによって崩したかどうか、判断がつきやすいんですよね。毎日違う食べ物をあげていると、結局その配分が違うので、下痢をしたときにエサのせいなのか、他の要因なのかとか、判断がつかない。ずっとペレットで食べていれば、エサとしての影響を考えにくい。

飼い主さんがいろいろ買ってきて与えていると、結局それが毎日きっちり同じものならいいんだけども、違うだろうし、あとは飼い主さんが与えている食べ物がきちんとフクロモモンガに栄養になっているのかどうかわからないので、やっぱりきちんとペレットを与える、ということが大切だと思いますね。」

モモンガ博士

「健康の指標がつくりにくいですよね。よく僕も、これも前、（You Tube の）チャンネルとかで、かなり語らせていただいたんですけど、やっぱりなにを毎日与えているか、というのがわからないと、病院行ったときに先生になにが原因かっていうのがなかなか難しいものになってくる。特定っていうのが、体調崩したとき何でっていうのが。やはりペレット食中心というのが、健康の指標にしやすいと思います。」

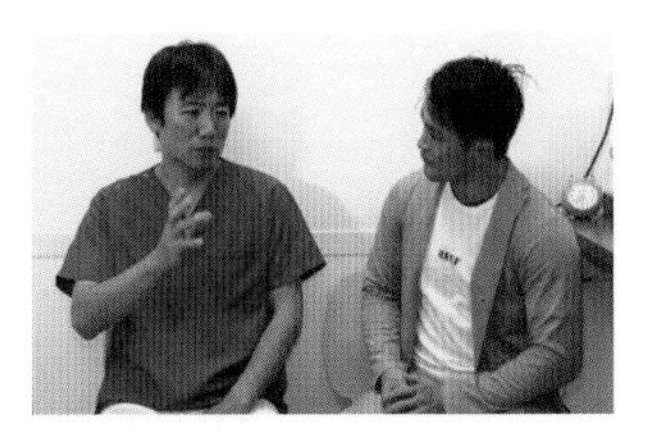

…続きは動画で…

「スペシャル対談!!　田向健一×モモンガ博士」
より一部抜粋
https://www.youtube.com/watch?v=-oaun4njvQs

第4章

ふれあいを楽しもう

～お互いもっと楽しい時間を過ごすためのポイント～

ポイント 41

もっと楽しい時間を過ごすために

鳴き声から感情を読み取ろう

フクロモモンガは自分の感情を鳴き声で伝えます。聴き分けられるようになれば、フクロモモンガとのコミュニケーションがさらに深まります。

フクロモモンガの鳴き声の特徴を覚えよう

フクロモモンガは、もともと群れで行動していたので、他のフクロモモンガとコミュニケーションができるように、さまざまな鳴き声を発することができます。

鳴き声の特徴を覚えて、フクロモモンガが鳴いたときに今どのような状態なのかを理解しておくといいでしょう。

飼い主に甘えたい、構ってほしいとき なにか食べたいとき

「シューシュー」と鳴きます。これは、赤ちゃんフクロモモンガがお母さんを呼ぶときの甘え鳴きといわれています。また、慣れたフクロモモンガが飼い主に対して出すときも甘えたい、かまってほしいといった意味があります。また、なにか食べ物を要求するときもこういう鳴き声を出します。

ご機嫌、気持ち良さを感じているとき 嬉しいとき

機嫌がいいとき、嬉しいときに「プクプクプク」「キュッキュッ」と鳴きます。食べ物が美味しいと感じているときなどにもこういう鳴き声を出します。

遊びたいとき

「シューアンシューアン」と鳴きます。「チキチキ」や「シューシュー」と組み合わせて鳴くと、仲良くなろうよという意味があります。

警戒・威嚇しているとき

「ジコジコ」や「ゲジゲジ」「ギイギイ」と鳴くときは、警戒し、それ以上近づくとかむぞと威嚇しているときです。体を大きく見せて寄るな寄るなとやっています。この状態のフクロモモンガに触ろうとするとかまれることもあるので、注意しましょう。興奮状態が落ち着くまで、しばらくそっとしておいてあげてください。

怒りや恐怖を感じているとき 機嫌が悪いとき

「ジコジコジコ」と激しく鳴きます。

寂しいとき

子犬のように高い声で「ワンワン」「アンアン」と鳴きます。孤独を感じたり、独りでいることに不安を感じたりしたときに鳴きます。周りにいる仲間を呼んだり、仲間に対して自分がここにいることを示したりする鳴き声です。

オスが求愛するとき

メスに対するラブコールは、高い声で「キャンキャン」と鳴きます。主に発情期に聞く求愛の鳴き声です。

メスが発情したとき

メスが発情し、オスを受け入れるときに「ワンワン」「アンアン」と鳴きます。

メスが妊娠・出産を控えているとき

妊娠をしているとき「ジジジジジ」と鳴きます。また、フクロの中の子どもが乳首を噛んで痛いというときにもこの鳴き声を出します。

気持ち別鳴き声表

鳴き声	表わしている気持ち・ 心の状態
「シューシュー」	飼い主に甘えたい、構ってほしいとき、 なにか食べたいとき
「プクプクプク」「キュッキュッ」	ご機嫌、気持ち良い、嬉しいとき
「シューアンシューアン」	遊びたいとき 「チキチキ」や「シューシュー」と組み合わせて鳴くと、仲良くなろうよという意味がある
「ジコジコ」「ゲジゲジ」「ギイギイ」	警戒・威嚇しているとき
「ジコジコジコ」	怒り、恐怖、機嫌が悪いとき
「ワンワン」「アンアン」	寂しいとき
「シューアンシューアン」	求愛
「シューアンシューアン」 ※上記に続いて「ワンワン」「アンアン」 と大きな声で鳴くこともある	メスが発情しているとき
「ジジジジジ」	メスが妊娠・出産などのとき

ポイント 42

もっと楽しい時間を過ごすために

よくするしぐさや行動から感情を読み取ろう

フクロモモンガはしぐさや行動からもその感情を読み取ることができます。その意味を理解して、コミュニケーションをさらに深めましょう。

威嚇する

立ち上がって前足を広げ、歯をむき出しにします。

グルーミングする

被毛や皮膚のコンディションを整えるために、後ろ足を櫛のように使って自分や仲間に毛づくろいします。とても大切な行動の一つで、もしやらないようであれば体調に問題がある場合があります。

また、あまりにも頻繁にグルーミングして、同じ体の部位を舐めたりかじったりする行為は、「自咬症」（P126）の可能性があるため注意しましょう。

目を閉じたりお腹を見せる

撫でられているときに目を閉じたりお腹を見せたりするのは、安心している状態です。

尻尾を立てたり波立たせる

気分が乗っているときや興奮しているときなどしっぽを立てる事があります。非常に強いストレスを感じているときや警戒をしているときは尻尾を蛇のように波立たせることもあります。

もっと楽しい時間を過ごすために

室内散歩をさせる上での注意点

室内散歩をさせる際の注意点をあらかじめ理解しておきましょう。

部屋散歩は慣れてから

フクロモモンガが、飼い主と新しい環境に慣れてきたら室内散歩（部屋んぽ）をさせて遊ばせましょう。

部屋散歩させる際の基本条件としては、飼い主の周りとケージの中が自分の最も安心できる場所だと理解してもらってから、外に出してあげることが大切です。

このとき、飼い主とフクロモモンガとの関係がうまくいけば良いコミュニケーションの時間にもなりますし、ストレスや運動不足解消にもつながります。

室内散歩は、危ない場所がないように部屋をきれいに片づけてから行うことが前提です。

また、目を離した隙にフクロモモンガがケガをしたり、家具や壁紙などをかじったりしないように、最後までしっかりと見守ってあげましょう。

部屋散歩中によくある危険行為の例

危険行為の例
窓が開いていて、外に出て行ってしまった
エアコンの中に入ってしまった
食べてはいけないものを食べてしまった

出典：ももんが博士のフクロモモンガ研究所より

室内散歩の時間の長さ

室内散歩は1日1時間ほどで、飼い主が無理のない時間の範囲内でさせるといいでしょう。

ケージの入り口を開けておくと、自分で帰っていく個体もいます。その個体によってケージの外で遊んでいたいと思う時間に差があるので、そのフクロモモンガの時間はどのくらいかを記録しておくといいでしょう。そうすれば、飼い主にとっても室内散歩させる時間の計画が立てやすくなります。

室内散歩前の注意

排せつは事前に済ませましょう。特に寝起きすぐは排せつ物が多く出ます。また、散歩は食事前に行いましょう。散歩からケージに自ら帰るように、ケージの中にエサを用意しておくといいです。また、冬はエアコンをかけて温度調整をしても、フローリングの床が冷たいままの状態だと、フクロモモンガの体は冷えてしまうので注意しましょう。室温は、フクロモモンガの最適な温度である25℃～28℃の環境を保つようにしましょう。

部屋の中で遊んでいる様子

対策 安全で簡単な方法として蚊帳散歩がおすすめ

安全で飼い主にとっても見守りが簡単な方法として蚊帳散歩（蚊帳んぽ）をさせることをおすすめします。

蚊帳を広げることによって、そこに簡単に安全なスペースをつくることができます。

特にワンルームのマンションなどに飼い主が住んでいる場合、フクロモモンガを遊ばせる専用スペースの確保が難しいと思います。そのような方のためにも蚊帳の中で遊ばせる方法がおすすめです。

なお、使用する蚊帳は、底があるタイプのものを選んでください。底のない蚊帳はフクロモモンガが簡単に通り抜けして外に出てしまいます。また、丸洗いができる蚊帳を選びましょう。

もっと楽しい時間を過ごすために

もっと仲良くなれる楽しい一緒の遊び方を知ろう

フクロモモンガとは一緒に遊ぶことができますが、まずはお互いの信頼関係ができてからにしましょう。

ボール状のおもちゃにおやつを入れて遊ぶ

小動物用のおやつボール（のようなもの）に、そのフクロモモンガが好きなおやつを入れます。そうするとそこから取り出しておやつを食べようと前足で持ったり転がしたりします。

ネコじゃらしで遊ぶ

フクロモモンガは、自分でつかめるような小さな動くものに反応します。例えば、ネコじゃらし（のようなもの）に反応します。そこで飼い主が目の前でフリフリしてあげると、それを必死でつかもうとします。フクロモモンガを疲れさせない程度にやってあげるといいでしょう。

滑空遊び

おやつを見せたときに必ず取りに来るほど飼い主との信頼関係ができていることが条件となりますが、次の要領で試すといいです。

①はじめに、イスやテーブルなど、あまり高くない場所でおやつを与えます。

②飼い主が少し離れた場所に移動しておやつを見せ、フクロモモンガが体に飛びついて来るのを待ちます。

③おやつを見せたら必ず飛びついて来るようになったら、少しずつ高さと距離をとっていきます。

飼い主の体を登らせて遊ぶ

フクロモモンガには自由に体を登らせましょう。

対策 遊ばせる際の注意

遊ばせる場所に少しでも隙間があると、そこに入ろうとしますので、隙間のない場所で遊ばせましょう。また、物や人の体にとまった際に排便をすることもあります。ですので、できれば起床後の排便を済ませた後に遊んであげるといいです。ただし、それでもいつ排便してもいいような服や床にシートなどを用意しておきましょう。

また、滑空遊びのときは、飼い主に飛びつく際に爪を立ててしっかりしがみつくため、飼い主は長袖の服を着て肌を守ることをおすすめします。

スマホ・パソコンで動画をまとめて視聴する方法
(4本の動画を通し再生)

4本の動画を通し再生できます

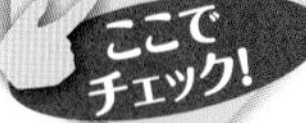

パソコンは、ブラウザを立ち上げて以下のURLを入力すると、まとめて視聴することができます。

https://www.mates-publishing.co.jp/momonga/fukuromomonga.html

繁殖させるには

繁殖させる際には、飼い主は責任と知識をもとう

フクロモモンガを繁殖させる際は、飼い主は責任をもって行いましょう。

繁殖させるからには責任を持とう

人間と同じように、動物の繁殖は非常に危険で大変なことです。

新たなフクロモモンガをお迎えする場合も同じですが、新たな個体が生まれると、お世話も飼育費も今まで以上になります。

個体によっては、その後10年以上長生きします。

ただ可愛いからというだけで繁殖させるのではなく、繁殖させると決めたら、愛情と責任を持ち続けて、根気よくお世話をしましょう。

もしも、新しく生まれたフクロモモンガを飼育できない状態であれば、必ず里親を見つけてあげてください。

発情の時期

個体によって異なりますが、オスメスともに早いと生後8ヵ月くらいで性成熟を迎えます。

オスは1年中発情していますが、メスには周期があります。メスの発情は28～29日周期で2日ほど続き、2日目に排卵があります。この時期に気に入ったオスに会えば交尾可能です。

オスのメスに対するラブコールは、「チキチキ」「シューアン」または高い声で「キャンキャン」と鳴きます。また、メスはオスを受け入れるときにも同様の鳴き方をします。

繁殖可能かどうかを最初に見極めよう

メスの体が弱っているときに妊娠や子育てをすると、体に負担がかかってしまうので、避けるようにしましょう。

神経質で怖がりな個体は育児放棄する恐れがあり、繁殖に向いていない可能性があるので注意してください。

また、体がしっかり成長していない若い個体が妊娠すると、本人の成長が妨げられるリスクがあります。

また、高齢のフクロモモンガや病中・病弱、病後、痩せすぎ、肥満の子も危険が伴うので、避けるようにしてください。

そして、近親交配は体が弱い個体や奇形の個体が生まれる可能性もあるので、絶対に行わないようにしましょう。

オスとメスのペア

Check!

フクロモモンガは外来生物だという意識を持とう

日本の法律においてフクロモモンガの繁殖は、人の生命・身体、農林水産業への被害を防止する目的で制定された外来生物法の「特定外来生物」として指定されていない（令和5年12月9日現在）ため、繁殖は自由です。

しかし、だからといって飼い主の飼育能力以上の繁殖をさせたり、飼育管理が適切にできずに、逃げ出してしまったということになれば、外来生物として在来生物への影響、日本の自然環境にどんなダメージを与えることになるかははかり知れません。

そのことを踏まえたうえで、飼い主は飼育能力の範囲内で最後まで飼い続けることや、何らかの事情でもし個体を他人に譲渡するなら、その人に最後まで飼い続けてもらえるように飼育管理の徹底をお願いしなければなりません。

繁殖させるには

繁殖させるには オスとメスの相性が大事

フクロモモンガを繁殖させるには、正しい手順で行うことが大事です。手順を守って繁殖させましょう。

オスとメスのお見合い

すでにペアで飼っているのなら相性は問題ないと考えられますが、すでに1匹飼っていて、そこに新たに1匹を迎えて繁殖させようとする場合は、まずは相性を確かめることが大切です。

メスは好き嫌いがはっきりしていて、繁殖はメスがオスを受け入れるかどうかにもかかっています。

お見合いの方法は、まずは一匹ずつ違うケージに入れて、お互いの臭いを感じさせるために、ケージの距離を近づけて数日間様子を見ます。またこの間、それぞれが寝床として使っているポーチを交換してより強く相手の臭いを感じさせます。

同居の手引き

お互いの臭いに慣れてきたら会わせてみましょう。一時的に一緒

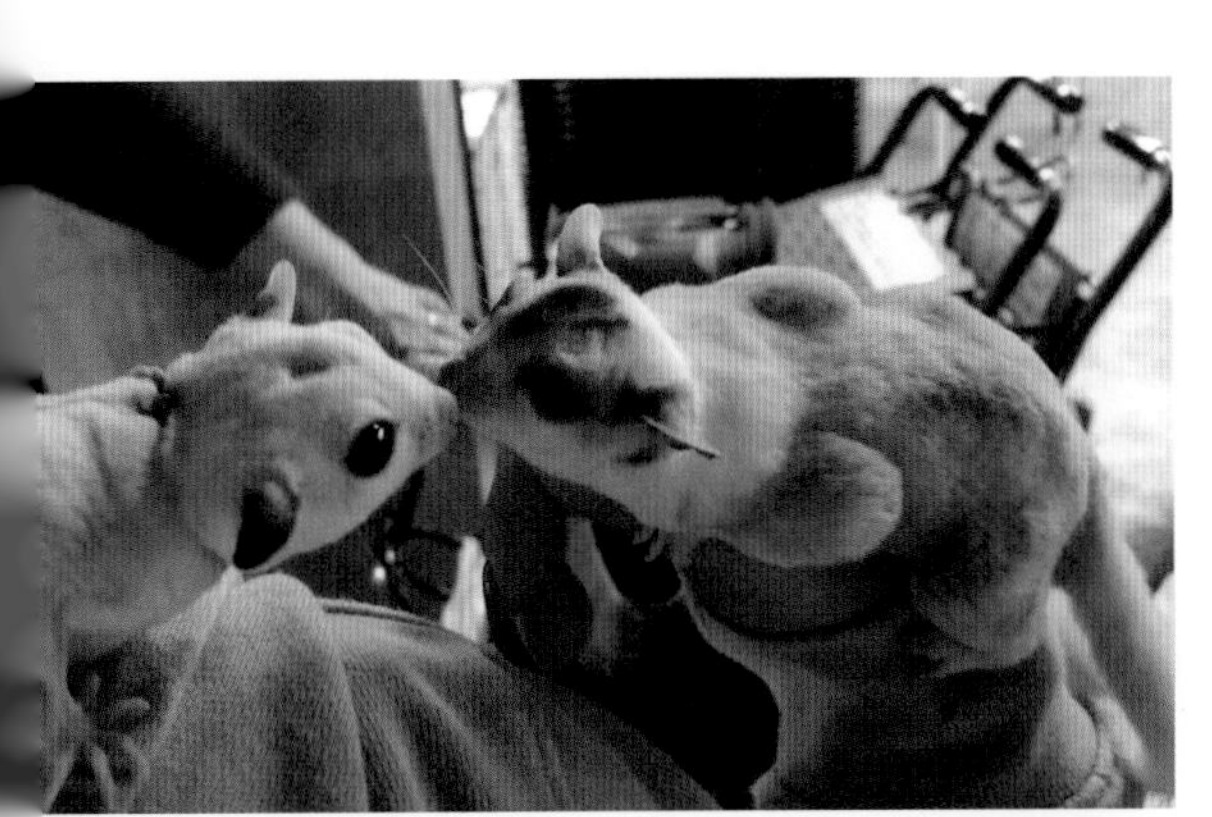
お見合い

にケージに入れたり、ケージの外で一緒に散歩をさせたりするようにしましょう。ただし、同居を始めてケンカするようでしたら、すぐにケージを離すようにしてください。

なお、まだフクロモモンガの飼育に慣れていない人の場合、離した方が良い場合と様子を見た方が良い場合の見極めは難しいです。そこで、できれば飼育に詳しい人などに一緒にお見合いを見てもらって見極めをしてもらうことをおすすめします。

交尾

キャンキャンという鳴き声が聞こえたり、オスがメスの上にのしかかる様子が見られると交尾の可能性が高いです。なお、このときオスはメスの体を固定するためにメスの背中をかんだり、毛をつかんだりしますが、これは異常行為ではありませんので問題ありません。

なお、フクロモモンガの交尾は長時間におよぶこともあります。

対策 フクロモモンガの妊娠期間とケア

飼育下での繁殖は1年を通して可能ですが、できれば夏や冬の時期はフクロモモンガの体に負担がかかりますので、避けたほうが無難です。

メスの妊娠期間は胎児の数により異なりますが、16日前後です。

妊娠しているかどうかは外見からは判断できません。しかし、状況から判断して飼い主がそれとわかったら、母親にはストレスをなるべく与えないことが大切です。無理にかまおうとせずに、ケージ内の掃除は必要最低限にし、できるだけ静かにしておきましょう。

また、通常の食事の量を今までの1.5倍ほどにして、必要であればミルクなどで栄養補給をするようにしましょう。

繁殖させるには

連続出産に注意しよう

子どもが脱嚢後にメスは発情するため、オスと一緒にさせておくと連続出産の危険性がありますので注意しましょう。

フクロモモンガの出産

交尾した後にフクロモモンガが妊娠したかどうかを外見で判断することは難しいです。また、出産にも気づかないことが多いです。

生まれる赤ちゃんは体長5㎜ほどで、すぐに母親の育児嚢に移動してしまいます。赤ちゃんが育児嚢の中で少し大きくなってくると、外からお腹を見て確認することができます。また、体重の増加でも判断できます。

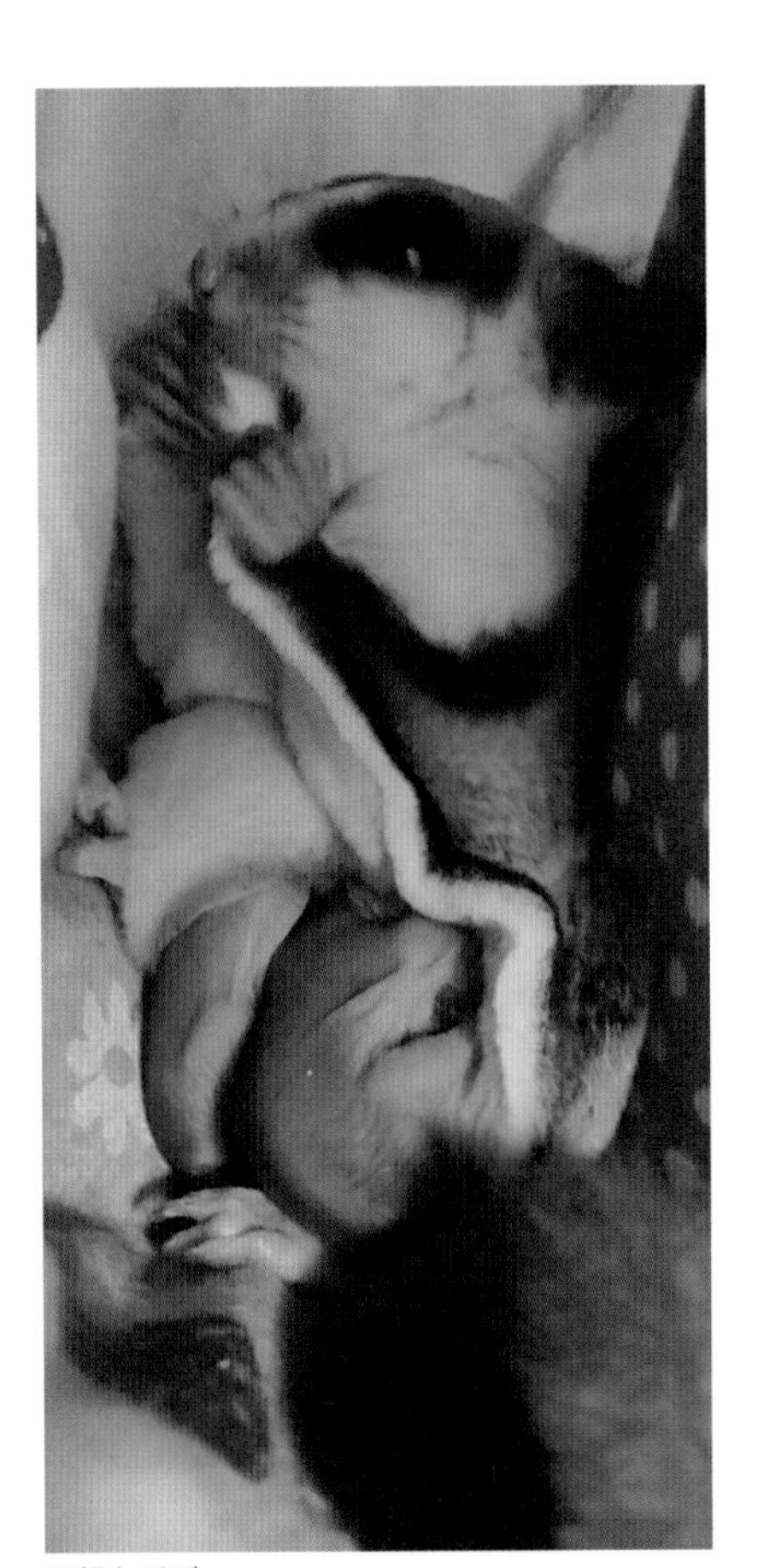

母親とベビー

オスのフクロモモンガとの同居

フクロモモンガのオス（父親）は育児に協力的です。母親が食事や遊んでいるときに、子どもにグルーミングしたり、巣の中で守っていてくれたりします。

ただし、メスがオスを嫌がっている場合は離して別のケージに居させる方が良いでしょう。

そうでなければ、そのまま親子で同居させても問題がないことが多いのですが、子どもの成長過程で、子どもがオスだった場合は、子どもが大人に成長するとケンカになることがあるので注意が必要です。

脱嚢後2～3週後にメスは発情する

メスのフクロモモンガは子どもが脱嚢してから2～3週後に繁殖可能な体の仕組みに戻ります。しかし、出産後に連続して妊娠・出産を繰り返してしまうと体に大きな負担がかかってしまいます。

そうした連続出産を避けるために、オスに去勢手術をしておくことがベターです。

なお、生まれた子どもはその後親とケージを分けることが必要です。その際、子どもがオスとメスの場合には、性成熟を迎える前にどちらかを別のケージに移動させるか、オスに去勢手術をしておくといいでしょう。

対策 人工哺育

生まれてからすぐに子どもは育児嚢に入って母乳を飲み続けます。その期間はおよそ２ヵ月ほど続きます。この期間よりも早く袋から出てしまったら注意しましょう。また、脱嚢後でも、赤ちゃんにはしばらくは母乳が必要ですが、それを拒んで寝床から落とす事があるのです。そんなときは、まずは母親に戻してあげることが大切です。

なお、このときに人の臭いがつかないようにゴム手袋やプラスチック製のスプーンなどを使い、決して直に触れないようにしましょう。

フクロモモンガは、環境の変化やストレスに敏感で、育児放棄してしまうことがあるため、それでも再び母親が子どもを受け入れることを拒んだら、人工哺育に切り替えるしかありません。人工哺育のポイントは、赤ちゃんのための温湿度管理、授乳、排せつ促進などへの配慮です。心配な場合は動物病院に行って獣医師に相談してください。また、状況に合わせて臨機応変に対応するようにしましょう。

飼い主が陥りがちな、間違った飼育方法と、それが原因となる病気について（3）自咬症

コラム❷〜❹で、田園調布動物病院内で行われた
田向先生とモモンガ博士との対談内容をお伝えいたします。

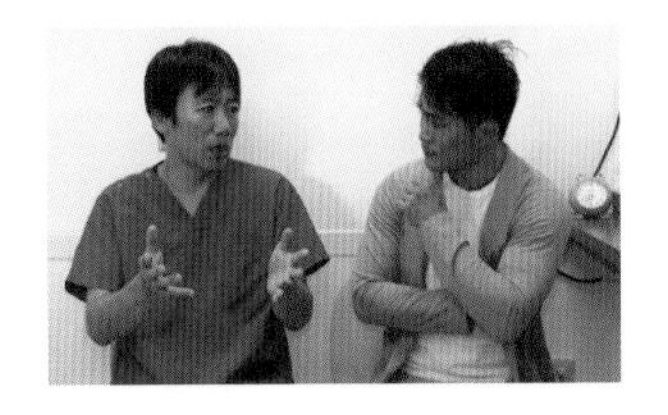

モモンガ博士

「先生、自咬症とかっていわれて、ちょっとどこまで語れるかわからないんですけど、モモンガちゃんがやっぱり多い病気の一つとして、病気というか病気っていっていいですかね？　自咬症は。」

田向先生

「一種の病気ですけど、あれはやっぱりもともと一夫多妻、あとグループというところで本来は生活しているものが、やはり1匹で飼うとかっていうところに起因しているんじゃないかなって思っているのですが。博士どうですか?」

モモンガ博士

「僕もですね、もう本当におっしゃる通りなんですけど、やっぱり集団性の動物が本来持っている能力、それを発揮できないときに自咬症っていう風に発展するような気がします。例えば、人間も、モモンガちゃんって、僕もモモンガ好きっていうのもある、かなりハイスペックな動物。声で表現したりとか、臭い付けしてみたりとか。コミュニケーション能力が非常に長けているので、そのコミュニケーションができない状況下に置かれると、非常に強いストレスを受けて、ちょっとこの表現が適切かわからないんですけど、ひまだと……。」

田向先生

「そういうことですね。刺激が少ないです。」

モモンガ博士

「刺激が少ない。逆によくモモンガちゃんの自咬症だったり、病気のこと見てて、刺激が少なすぎて起きる病気っていうほうが……。」

田向先生

「その可能性はありますね。」

モモンガ博士

「ありますよね。まあ、なにがっていうのは、深い問題なので、これはもうなにがっていわれると、わからないんですけど……。」

田向先生

「あらゆるファクター（要因）があって、それで健康状態を保っているんだけど、やはり1匹でいるとか、さまざまな刺激が少ないですね。だから、毎日例えば飼い主さんがかまってあげる。毎日夜、1時間かまってあげるんだったら違うかもしれません。しかし、そういう状況をつくれない中で1匹で飼っていると、やっぱり時間が余ってやることがないので、自分の尻尾をかじったりとか、手をかじったり、ということが始まるんじゃないかなと思いますね。」

…続きは動画で…

「スペシャル対談!!　田向健一×モモンガ博士」
より一部抜粋
https://www.youtube.com/watch?v=
-oaun4njvQs

第5章

高齢化、健康維持と病気・災害時などへの対処ほか

～大切なフクロモモンガを守るポイント～

ポイント 48

病気やケガへの対処法

病気やケガの種類と症状を知っておこう

さまざまな病気やケガがあることが確認されています。
なにか様子が変だなと思ったら、動物病院で診てもらいましょう。

《目・口の病気》

角膜炎／角膜潰瘍

角膜は、眼の表面にある透明な組織です。角膜炎は角膜の表面が傷つき、細菌感染などで炎症を起こしてしまうことをいいます。角膜は上皮層、実質層、内皮層の三層構造になっていますが、炎症が進行して角膜に穴が開き、実質層まで冒されることを角膜潰瘍といいます。

フクロモモンガの目は突出していますが、なにか物が目に近づいても閉じて目を守る反応は起きません。したがって、原因としては、主にケンカや衝突、目に小さな異物が入ったときに目をこする、グルーミングの際に自分の爪で傷つけるといったことがあります。

角膜炎／角膜潰瘍の症状・治療

痛みのため目を気にしていたり、目の周囲を触られるのを嫌がります。また、涙や目やにが多く出ます。また、光に過敏に反応し、異常にまぶしがったりします。さらに、炎症が進行すると角膜が白く濁ってくることもあります。

治療は、抗炎症剤の点眼薬を投与します。目を気にしてこすってしまうようなら、エリザベスカラーを付けることもあります。

角膜炎／角膜潰瘍の予防

飼育環境から、突起のある物やトゲのある物など目を傷つけやすい物を取り除いておきましょう。

また、多頭飼育の場合には、よくケンカする者同士ならば、別々にケージを分けておいたほうがいいでしょう。

歯の破折

フクロモモンガに多い歯のケガの一つです。落下や飛行中に固い物への衝突などで切歯を破折してしまうことをいいます。フクロモモンガは、げっ歯目のモモンガとは違い、一度折れた歯は伸びません。

歯の破折の症状・治療

歯髄が露出して、そこから細菌に感染すると歯根部に膿がたまって顔が大きく腫れ上がることがあります。歯髄の露出は痛みを伴うため、保護する処置をとります。また、細菌感染がある場合は抗生物質を投与します。症状によっては抜歯することもあります。

歯の破折の予防

衝突事故が起こらないように飼い主は注意しましょう。遊ばせる場所にそうした危険性がある物が置かれていないかどうかを確認してから遊ばせるようにしましょう。特に滑空遊びの際は要注意です。

歯肉炎／歯周病

人間と同じように、フクロモモンガも歯肉炎や歯周病にかかります。原因は炭水化物が多く含まれた柔らかいエサを与えすぎてしまうことです。

そうすると歯垢が付きやすくなり、そのまま放置しておくとそれが歯石となってやがて歯肉炎や歯周病の発症を引き起こすことになります。

完治するのに時間がかかり、治療に根気のいる病気なので、歯肉炎や歯周病にならないように注意しましょう。

歯肉炎／歯周病の症状・治療

食欲が無くなったり、エサをうまく食べることができなかったり、歯茎が腫れるなどの症状が出ます。

この症状が出たら、動物病院に行って診察してもらう必要があります。

歯肉炎／歯周病の予防

柔らかいエサばかりでなく、固い食べ物も与えましょう。そうすれば歯垢が付きにくくなり、予防につながります。

《消化器系の病気》

軟便・下痢

軟便や下痢になる原因はさまざまです。主な原因を挙げるとすれば、食事によるもの、病気によるもの、ストレスによるもの、細菌や寄生虫によるものなどがあります。

食事によって引き起こされる場合で、よく知られているのに牛乳があります。乳糖を分解できないために下痢をします。また、柑橘類や食べたことのない新奇な食べ物などを与えすぎたときに下痢をすることがあります。

病気によるものとしては、低カルシウム血症（P123）があります。腸の蠕動運動の異常によって下痢をします。

ストレスによるものとしては、飼育環境の急な変化があります。そのことに伴うストレスが自律神経に影響して腸の正常な働きを阻害するために起こります。

細菌感染や寄生虫によるものとしては、大腸菌やサルモネラ菌、クロストリジウム菌などの細菌感染、トリコモナス、コクシジウムなどの原虫の感染があります。

軟便・下痢の症状・治療

軟便、下痢便、ひどくなると水のような便をしたり、血が混じっていたりする場合があります。痛みがあるためにじっと丸まっていたり、総排泄孔の周囲が便で汚れていたり、体重の減少や脱水が見られたりします。

1日～2日で治らないようなら動物病院に行きましょう。ただし、血が混じった下痢や激しい下痢、頻繁に下痢をする場合は早急に獣医師に診察してもらいましょう。

なお、下痢を引き起こす前には水気のある軟便を出すことが多く、このような状態になったらフンが新鮮な状態のときにラップに包み動物病院に持って行くようにしましょう。

下痢の原因が何なのか動物病院で特定してもらい、点滴や細菌感染なら抗生物質、寄生虫なら駆虫剤を使用して治療します。

軟便・下痢の予防

フクロモモンガにストレスを感じさせない暮らしを心がけ、適切な環境で適切な食事を与えることが、軟便や下痢を起こさせない飼育の基本となります。また、食べ残しを放置しないことやケージの掃除など衛生面の管理も徹底して行いましょう。

なお、下痢による腹部や総排泄孔の痛みや違和感が、自咬症（P126）を引き起こすこともあるため、注意しましょう。

腸閉塞

消化器系の働きが停滞し、腸に通過障害が起こるものを腸閉塞といいます。

その原因には、ポーチなど布製品を使っている場合に、かじって繊維を飲み込んでいたり、腸の通過が困難な大きさのものを飲み込んだりした場合に、途中で詰まってしまうことがあります。また、そのほかには、水分不足や強いストレスなどによって消化器系が働かなくなる場合もあります。

腸閉塞の症状・治療

小さくて水分量の少ない便が出る、便の量が減る、便が出ない、背中を丸めてじっとしている、排便時に痛くて鳴き声を上げるといったこともあります。部分的な閉塞では下痢をすることもあります。また、腹部にガスが溜まって痛みがあるため、腹部を触られるのを嫌がるといった様子が見られることもあります。食欲不振になり、衰弱していきます。

そのまま放っておくと命を落としかねません。動物病院で早く診察を受けてください。

腸が完全に詰まっていない場合

は、消化管運動を刺激させる促進剤や鎮痛剤、抗炎症剤などを投与します。完全に腸が閉じている場合は鎮痛剤を投与して外科手術を行って治療します。

腸閉塞の予防

栄養バランスのよい食事と十分な飲み水を与えることが予防の基本です。また、身近にあるポーチなどの繊維製の物をかじってないか、フクロモモンガの行動のチェックや、繊維製品自体のチェックをときどき行いましょう。また、ストレスの少ない飼育を心がけ、運動の機会も多くつくってあげましょう。

《呼吸器系の病気》

細菌性肺炎

肺や気管支への細菌感染によって炎症を起こす病気です。原因菌は、パスツレラ菌や大腸菌などです。

急激な温度変化、不衛生な場所での飼育、栄養バランスの悪い食事などが発症の原因となります。

細菌性肺炎の症状・治療

初期症状としては、クシャミや鼻水が見られます。咳や呼吸時の異音、呼吸が早く苦しそうな様子が見られたら、肺炎を患っている可能性があります。そのまま放置して病気が進行すると食欲不振によって衰弱し、命を落としかねません。

治療法としては、症状に応じて気管支拡張剤などをネブライザーで吸入させたり、酸素室に入れたり、抗生物質を投与したりします。場合によっては強制給餌が必要なこともあります。

細菌性肺炎の予防

日頃から衛生的で暖かな飼育環境を保ちましょう。また、過度なストレスを与えないように注意しましょう。特に幼齢、高齢、闘病中などのフクロモモンガは発症してしまうと悪化しやすいので注意しましょう。

《皮膚の病気》

湿性皮膚炎

細菌性皮膚炎の一種で、皮膚やその傷口などから細菌に感染して起こります。また、肥満傾向のフクロモモンガに発生しやすいといわれます。

下腹部や顎の下、脇の下、臭腺近辺など、じめじめしやすい部位になりやすく、排せつ物が長く皮膚に付着するなどの不衛生な状態だと発生率は高くなります。

湿性皮膚炎の症状・治療

症状としては、脱毛や皮膚の赤み、フケ、かさぶた、ただれが見られたりします。小さな膿の塊や膿瘍ができることもあります。

治療法としては、抗炎症剤や抗生物質の投与、皮膚の洗浄などがあります。

湿性皮膚炎の予防

安全な飼育環境でケガを防ぐことや、衛生的な環境を維持し続けること、さらに肥満にさせないことも大切です。

脱毛（代謝性、栄養性）

脱毛を起こす原因には、細菌性皮膚炎や環境の変化や騒音などのストレスが原因になるほか、代謝異常や栄養の偏りによって起こされる代謝性脱毛や栄養性脱毛があります。

代謝性脱毛は、ホルモンバランスの乱れや異常から発症すると考えられ、その原因には、夜でも一晩中明るかったり逆に昼間でも暗かったりと本来の明暗リズムが崩れていることや不適切な温度や湿度、食事内容やストレスなどによって起こります。

栄養性脱毛は、栄養バランスの悪い食事が原因となります。タンパク質や必須脂肪酸、ビタミン類（A、B_2、B_3、E）、ミネラル類（亜鉛、ナトリウム、リン、鉄など）が不足し、皮膚や被毛に悪影響を及ぼします。

代謝性・栄養性脱毛の症状・治療

脇腹、大腿部、尾や背中などが

薄毛、脱毛。そのほか、フケ、毛艶が悪くなるなどの症状があります。かゆみはある場合とない場合があります。

治療法として、代謝性脱毛の場合は本来の明暗リズムを正常化することが効果的です。

栄養性脱毛の場合は、必要な栄養を摂取できるように適切な食事内容に改善することです。症状によっては、総合ビタミン剤を食事に添加することもあります。

代謝性・栄養性脱毛の予防

代謝性脱毛の予防は、適切な温度、湿度と本来の明暗リズムで飼育を行うことです。

また、栄養性脱毛の予防としては、栄養バランスのよい食事を与えることです。

皮下膿瘍（ひかのうよう）

ケガなどの傷口から、パスツレラ菌などの細菌が感染し、皮下に膿が溜まって腫れる「腫れもの」や「できもの」のことをいいます。皮下膿瘍の原因はケガばかりではありません。細菌性皮膚炎が悪化してできる場合もあります。また、歯が折れたときに歯髄から細菌感染が起きれば、歯根に膿瘍ができます。

皮下膿瘍の症状・治療

皮膚の腫れが見られます。悪化すると食欲が無くなり、体重の減少が見られます。

患部を切開し、膿を出して洗浄します。また、抗生物質を投与するなどの治療を行います。

皮下膿瘍の予防

安全な飼育環境を保ち、ケガをしないようにしましょう。もし皮膚にケガがある場合は、細菌感染しないように衛生面で注意しましょう。

なお、病原菌のパスツレラ菌は、多くのウサギが持っている菌です。フクロモモンガとウサギを一緒に飼っている場合は接触に注意しましょう。

《生殖器の病気》

ペニス脱

フクロモモンガのオスが性成熟後に行う行為として、グルーミングや遊び、あるいは、性的フラストレーションのために、通常は総排泄孔の中にあるペニスを出したり引っ込めたりしていることがあります。これ自体は問題のない行為なのですが、長い時間出たままになっていると、ペニスが乾燥したり、膨れたり、周囲の毛を巻き込んで元に戻らなくなることがあります。このことをペニス脱といいます。

ペニス脱の症状・治療

元に戻す時間が早ければ問題がないことが多いですが、出たままの状態で長い時間が経つと赤黒く腫れたり、壊死して黒くなります。また、ペニスを気にして舐めたりかじったり自傷行為を起こすきっかけともなります。

気がついたら、乾燥して戻りにくい場合には生理食塩水などを塗って元に戻させるようにしましょう。もしそれでも戻りにくかったり、その状態で長い時間が経っているときは動物病院に行きましょう。

治療法としては、壊死している場合にはペニスを切断します。なお、排尿口はペニスの付け根にあるため、そのことで排尿できなくなることはありません。

ペニス脱の予防

日頃の世話でペニスが出たままになっていないかどうかをチェックし、早期に発見することが大切です。もし発見したら、前述の処置を早急に施し、悪化させないようにしましょう。

《栄養が原因の病気》

代謝性骨疾患（たいしゃせいこつしっかん）／低カルシウム血症

代謝性骨疾患は、フクロモモンガの病気の中でも非常に多い病気です。代謝性骨疾患とは、骨が作られる仕組みがうまく働かずに骨に異常が起こる病気の総称です。クル病や骨粗しょう症、骨軟化症などがあります。

低カルシウム血症は、血液中のカルシウム濃度が異常に低くなる病気です。

これらの病気の原因は、カルシウム不足やカルシウムとリンの不均衡、ビタミンD（小腸からカルシウムやリンの吸収を促進して、新たに骨をつくる働きがある）不足などで、新しい骨がつくられにくくなることです。そのことで、骨が弱くなったり、曲がったり、スカスカになったりします。ホルモン異常が原因となることもあります。

代謝性骨疾患／低カルシウム血症の症状・治療

あまり動きたがらなくなる、ケージの上り下りなどの上下の移動をしなくなる、後ろ足を引きずる、関節が腫れる、後ろ足の麻痺などの症状が見られます。低カルシウム血症では、腸の蠕動運動（ぜんどううんどう）の正常な働きが阻害されて下痢をしたり、骨格の形成不全を起こしたりします。

治療法としては、カルシウム剤やビタミンD製剤の投与とともに、食事を見直し、カルシウムとリンの不均衡を改善します。また、症状によりますが、場合によってはケガを防ぐために高さのあまりないケージでの飼育に切り替えることもあります。

代謝性骨疾患／低カルシウム血症の予防

一番の予防は、バランスの良い食事を与えることです。

フクロモモンガにとって嗜好性の高いひまわりの種や果物、昆虫のミールワームなどは栄養バランスの悪い食べ物です。栄養価を高めてから与えるなど、与え方に注意しましょう。

また、ヤング期、メスの妊娠中や授乳中など、特にカルシウムが必要となる時期には、特に栄養バランスには注意しましょう。

《その他ケガ・病気等》

絞扼（こうやく）

繊維が指などに絡まってその部位を締め付けてしまうことをいいます。その原因の多くはほつれた糸が絡まることで起こりますが、髪の毛などの場合もあるため注意が必要です。

絞扼の症状・治療

飼い主が、フクロモモンガが絞扼されていることに気づかずに長い時間放置していると、血流障害が起こり、絞扼された部位の先端が腫れたり、さらに症状の悪化が進行すると壊死したりします。

治療法は、獣医師によって、個体が痛がっているときは鎮痛剤を投与します。しかし、細胞組織が壊死している場合は切断することもあります。

絞扼の予防

できるだけ早く気づいてあげて、絞扼したものを取り除く必要があります。

日頃寝床にしているポーチなどの繊維製のものは要注意です。糸のほつれが無いか、爪を引っかけるところは無いかを常にチェックしておくことが大切です。

熱中症

暑さには比較的強いフクロモモンガでも、気温が30度を超えるような日は、室温を調整してあげる必要があります。

温度や湿度が高く、密閉された風通しの悪い場所では熱中症になる可能性があります。

熱中症の症状と治療

症状としては、ぐったり横たわっている、よろよろ歩く、呼吸が浅く早くなるなどがあります。仮にその場で回復した場合でも、点滴治療が必要なこともあるため、熱中症の疑いがある場合は、ただちに動物病院に行ってください。

このとき、水で濡らしたタオルなどで全身を包んであげましょう。また、水が飲める状態であれば、新鮮な水を飲ませてあげてください。病院まで運ぶキャリーケースにはタオルで包んだ保冷剤を入れるといいでしょう。

症状が重い場合、獣医師がただちに処置をしても、命を落としてしまうことや、幸い命を落とさずに済んだとしても神経症状や腎不全など、致命的な後遺症が残ることもあります。

熱中症の予防

室内の温湿度管理をふだんからしっかりと行い、ケージを直射日光が当たる場所に置かないようにしましょう。

特に夏の時期は、エアコンは24時間ずっと付けておいてあげましょう。室内の空気を循環させるために、エアコンと扇風機を併用すると効果的です。

ケージの上や下に保冷剤を置くというのも有効です。ただし、下に敷く場合は、冷たくなりすぎることがあるので必ず逃げ場をつくりましょう。

なお、保冷剤を使う際は、水滴が出ますので、タオルでしっかり巻いて使いましょう。

また、新鮮な水を切らすことなく常に飲めるようにしてあげましょう。

自咬症（じこうしょう）

さまざまな原因によってフクロモモンガが自分で自分の体を傷つけてしまう自傷行為のことをいいます。その原因は大きく分けて二つあります。

一つは、自らの体への違和感です。わずかな傷や痛みやかゆみなどがきっかけとなって、そこに違和感をもつと、部位を舐めたりかじったりしてしまいます。

もう一つは、精神的なものです。本来は群れで仲間とともに暮らしている動物ですが、単頭飼育で、ケージの中が狭くて遊ぶ場所もなく退屈な環境で飼われている場合や、騒々しかったり、他の動物がそばにいるなどで過度にストレスを感じている場合、また、性成熟しているオスにとってメスがいないために性的フラストレーションを起こす場合など、それがきっかけとなって自傷行為を起こすこともあります。

自咬症の症状・治療

早期発見が大切です。発見法としては、頻繁に寝床から「ジコジコ」と鳴き声が聞こえる、単頭飼育に関わらず身体に外傷が見られる、憂鬱な目つきに変わるといったことが挙げられます。また、攻撃的になったように感じたり、無気力になったり、遊びたがらなかったり、食欲に変化が見られたり、夜になっても寝ていて逆に昼間は起きているなどの睡眠のパターンが変わったりといったことも、自傷行為を起こす予兆とされています。

自咬症で多いのは、手足の指や尾などをかじることですが、口が届く部位であればどこでもかじります。自傷行為がエスカレートすると、毛や皮膚にとどまらず、筋肉や骨までも

かじってしまうことがあります。

治療法としては、その状態にもよりますが、止血や消毒、縫合、鎮痛剤の投与、抗生物質の投与などを行います。かじった部位が壊死している場合には切断することもあります。また、治療した部位が気になって再び自傷行為を起こさないようにエリザベスカラーを装着することもあります。

自咬症の予防

ストレスにならない適切な環境下での飼育と適度なコミュニケーションが大切です。どうしても飼い主が、十分にコミュニケーションをとることができないのであれば、単頭飼育の場合にはもう1匹お迎えして遊び相手にする（相性を見なければなりませんが）などの手段が有効です。また、より広いケージに替えたり、遊びグッズの追加なども効果的です。

また、オスで性的なフラストレーションが主な原因と考えられる場合には、去勢手術も手段の一つです。いずれにせよ、かかりつけの獣医師とよく相談して対処しましょう。

フクロモモンガに多い症状と考えられる原因・病気

症状	考えられる原因・病気
食欲不振	便秘、腸閉塞、歯肉炎・歯周病など
脱毛	ストレス、栄養バランスの悪い食事、湿性皮膚炎など
目やに	目にごみが入った、角膜炎、角膜潰瘍など
咳、クシャミ、呼吸時の異音	細菌性肺炎
下痢・軟便	熱中症、腸閉塞、細菌や寄生虫の感染、ストレス、柑橘類の与えすぎなど
便秘	ストレス、腸閉塞、繊維質不足、水分不足、運動不足など
便が小さくなる	ストレス、便秘、腸閉塞など
後ろ足を引きずっている	外傷、骨折、代謝性骨疾患、低カルシウム血症など
うずくまる、動こうとしない	腸閉塞、熱中症、骨折、代謝性骨疾患、低カルシウム血症など
呼吸が浅く早くなる、荒くなる	熱中症、細菌性肺炎など
体の特定部位を頻繁に舐める、かむ	自咬症

病気やケガへの対処法

病気やケガしたときには、いつも以上の温湿度管理や衛生面での配慮が大切

日頃から細心の注意をしていたのにもかかわらず病気やケガすることもあります。
そのようなときの対処法を知っておきましょう。

温湿度管理に十分注意

病気になると、たいていは健康なときよりも体温が下がってしまいます。

そのため、いつも以上に温湿度管理に注意してください。

夏のクーラーの冷やしすぎ、冬の寒さ対策をしっかり行い、隙間風が入ってくる場所がないかなどに気を配りましょう。

フクロモモンガが過ごしやすいように工夫しよう

排せつ物を片付けていないなど、ケージ内が汚れたままの状態にしておくと他の病気を引き起こしてしまう可能性があります。

ケージ内を清潔に保ち、フクロモモンガが少しでも快適に過ごせるように配慮しましょう。

また、ケージを飼い主が観察しやすく、コミュニュケーションが取りやすい場所に置くなど工夫をしましょう。

安静第一で

病気だからといってやたらと気にかけたり触ろうとしたりするとフクロモモンガがストレスを感じてしまいます。

病気になったら、まずは安静にすることが第一です。

フクロモモンガがしっかり休めるように様子を伺いながらも、なるべくそっとしておき、少しずつ声をかけてあげるといいかもしれません。

フクロモモンガが病気でエサをあまり食べなくなった場合は、第一段階として置きエサとしてミキサー食またはパウダーフードをお湯で溶いたものを置いておくと良いでしょう。もしそれを食べない場合には、飼い主が強制給餌をする方法があります。

具体的な方法としては、フクロモモンガを抱き上げるか、タオルで巻いて保定し、シリンジでそのエサを少しずつゆっくり与えます。また、ミルクや小動物用の電解水を与えるのも有効な手段となります。

お腹いっぱいになると食べなくなるので、そこで強制給餌を終わらせてください。

もう食べたがらないのに与えようとすると気管に入ってしまう恐れもあるので、十分に注意しましょう。

対策 薬を飲んでくれないときには

フクロモモンガが薬を飲まない場合は、薬をミルクやラクトバイト、おやつなどに混ぜて入れるといいでしょう。

フクロモモンガがどうしても薬を拒絶してしまう場合は動物病院に連れて行き、相談してください。別の方法で治療を行います。

また、自己判断で薬を規定量以上に飲ませたり、途中で止めてしまったりせずに、獣医師の指示に従いましょう。

いざというときのために、ふだんからおやつとしてシリンジからミルクを飲ませておくのがおすすめです。

病気やケガへの対処法

動物病院に連れて行くときに注意すべきことを知っておこう

いざ病院に連れて行こうとするときの運び方には、注意すべきことがあります。あらかじめ知っておきましょう。

キャリーで持ち運ぶ際の注意点

動物病院に連れて行くときは、遠方の場合は小型キャリー、近所の場合はポーチを使用します。

特に小型キャリーで移動する際には、振動が少ないようにするなど、できるだけフクロモモンガの体に負担がかからないように工夫をしてください。ストレスを軽減させるために、キャリーにカバーをつけたりバッグに入れたりして、できるだけ人目にさらさないようにしましょう。

ただし、キャリーに単に入れただけの場合、外の音や臭い、振動などが直接フクロモモンガに伝わってパニック状態になる危険性があります。

したがって、キャリーの中にはポーチを入れて、さらにポーチの中にふだんの寝袋を入れるなど、フクロモモンガの体がピッタリとおさまる場所をつくってあげましょう。こうすることによって、より安心させて移動することができます。

キャリーの役割としては、もし万が一、ポーチから出てしまったときは、キャリーによって外に出てしまう危険を回避できます。

なお、キャリーの開閉口は運んでいる途中で開かないように、ナスカンなどで止めておきましょう。

ときどきキャリー内で水分補給のためにおやつをあげよう

小型キャリーで運ぶ場合は、移動距離や待ち時間が長いことも考えて、フクロモモンガがいつでも水分補給できるように、ゼリーや果物、もしくはキャップ付きの小さい容器などに入れて水分を持ち運びましょう。また、排せつ物でフクロモモンガの体が汚れないように、ペットシートなどを敷いておくといいでしょう。

外出時の気温などに気をつける

体が弱っているときには特に温度管理に気を配り、夏場は午前中や夕方など涼しい時間帯を選んで移動してください。冬場は太陽が出ている時間帯の方が安心です。

そして、夏にはタオルで包んだ保冷剤を、冬には使い捨てカイロをフクロモモンガがかじらない場所に設置するといいでしょう。

なお、動物病院が近くにある場合やポーチでの移動に慣れている個体であれば、キャリーは使わずにポーチのみで運んでもいいでしょう。

病院で診察する前の準備

フクロモモンガの様子がいつもと違い、おかしいとわかったら写真や動画で様子を撮影し獣医師に見せましょう。またそのとき、フンを持って行くといいでしょう。

Check!

移動の際の確認や気をつけたいこと

移動のストレスを減らすためにも、なるべく家の近くにある動物病院をかかりつけとすることをおすすめします。

車で向かう場合は、夏の車内は非常に熱くなるため、車内にフクロモモンガを乗せる前にエアコンをかけて冷やしておくといいでしょう。冬は先に暖房で暖めておくといいでしょう。短時間でもフクロモモンガを車内に置いたままにしないように注意しましょう。

電車やバスなどの公共交通機関を利用する際には、小動物を乗せても大丈夫か公式のホームページで確認しておきましょう。

ちなみに、JR東日本では、小犬、猫、鳩またはこれらに類する小動物（猛獣やへびの類を除く）で、長さ70センチ以内で、タテ・ヨコ・高さの合計が90センチ程度のケースに入れたもの、総重量が10キロ以内であれば、「手回品料金」290円（2024年1月現在）で、キャリーやケースに入れた動物と一緒に乗車することができます。

ポイント 51

病気やケガへの対処法

かかりつけの動物病院を探しておこう

突発的な病気やケガに備えて、事前に通える動物病院を知っておきましょう。

フクロモモンガはエキゾチックアニマル

フクロモモンガはエキゾチックアニマルとして分類されます。

エキゾチックアニマルとは簡単にいうと犬や猫以外の動物全般のことを指し、ウサギやハムスター、亀、インコ、デグー、チンチラなどもエキゾチックアニマルに該当します。フクロモモンガもエキゾチックアニマルです。

動物病院によっては、犬猫のみを診療しているところも多いので、必ずエキゾチックアニマルを診療している動物病院を探してフクロモモンガを連れて行きましょう。

また、該当する病院を見つけたら、念のために事前に病院に電話してフクロモモンガを

動物病院のホームページからはさまざまな必要情報が得られる

診察してもらえるのかどうかや病気の症状を伝えて確認しておくといいでしょう。

フクロモモンガを飼っている人に相談

フクロモモンガをすでに飼育している人に、おすすめの動物病院やかかりつけの動物病院を聞くのもいいでしょう。

動物病院の雰囲気や対応、担当の先生の特徴など事前に有益な情報を収集できます。

インターネットで探す

インターネットで「フクロモモンガ　動物病院（地域名）」「エキゾチックアニマル　動物病院（地域名）」と入力し、家の近くにあるフクロモモンガを診療してくれる動物病院を検索しましょう。

動物病院のホームページには、住所や電話番号、受付時間、病院の特徴、診療してもらえる動物についての情報が記載されています。

ペットショップやブリーダー、専門家に聞く

飼育しているフクロモモンガをお迎えしたペットショップやブリーダー、または専門家にフクロモモンガを診療できるおすすめの動物病院を聞くのもいいでしょう。

同時に、夜間などの緊急時にも対応してもらえる病院を聞いておくと、なにかあったときもスムーズな対応ができます。

対策　定期的に健康診断を受けよう

かかりつけの動物病院を決めたら、病気予防や健康維持のためにも、年に一度は健康診断を受けることをおすすめします。

健康診断には、ポイント23で紹介した日々の健康記録を持って行くといいでしょう。

健康診断では検便や触診、視診、歯の診察、腫れがないかなどを確認し、必要な場合はレントゲンや血液検査をすることもあります。

高齢になったら健康診断に行く回数を増やしましょう。

また、健康診断に行くことによって、獣医師に日頃から気になっていることや悩みを質問したり相談したりすることができます。

そうすると獣医師との信頼関係ができて、いざとなったときにも、かかりつけの獣医師のもとで納得ができる治療を受けられるでしょう。

シニアフクロモモンガのケア

できるかぎりストレスフリーな生活環境を整えよう

人と同じで、さまざまな機能が衰えていきます。特にこの時期を迎えるフクロモモンガには、若いフクロモモンガ以上に手をかけてあげましょう。

ストレスフリーな生活を

前述のとおり、7歳あたりから老年期、シニアと呼ばれる年齢になります。シニアのフクロモモンガを飼育する上で最も大切なことはストレスをなるべく感じさせないことです。

温湿度管理はもとより、飼育しているフクロモモンガに合った食事、運動量を見極めて、できるかぎりストレスフリーな生活が送れるように、工夫してください。

また、次に説明するケージのレイアウトや食事内容を変更するとき、高齢の場合は急な変化にストレスを感じやすいので、少しずつ行うようにしましょう。

シニア（9歳）のフクロモモンガ

ケージ内の配慮

給水ボトルやエサ入れは、フクロモモンガが楽に届く位置や場所に付けましょう。

床は柔らかいチップなどの床材を敷いた上での生活に変えてあげると安心です。

ケージの高い場所に移動できるステージを使用している場合は、転落をふせぐために取り除いたり、ステージを増やしたりしましょう。

食事の工夫

歯の健康が維持できるように、ペレットを食べることができるのであれば、なるべく咀嚼回数を維持できるエサを与えるなど工夫をしてください。

歯で噛むことが難しい場合や病気のときは、ペレットをふやかしたり柔らかいエサを与えたりしましょう。それらをまったく食べなくなったときは、粉末の流動食を与える方法もあります。

フクロモモンガの介護食

自分でエサを食べられなくなってしまった場合は飼い主がエサを与えましょう。

なにも食べなくなってしまうと死んでしまうので、なにか食べられるものを食べさせてあげることが大事です。

粉末フードやフクロモモンガが好きな食べ物をミルサーで粉末にして、食べることができる限り口元に持って行ってあげましょう。

対策 飼い主も無理せず、心身健康な状態を保てるように工夫しよう

飼育しているフクロモモンガの介護をしていて、飼い主も落ち込んでしまったり不安定な気持ちになってしまったりすることもあるでしょう。

しかし、飼い主が精神的ストレスを抱え、病気になってしまったら、フクロモモンガを看病することもできなくなってしまいます。

落ち込んだら誰かに愚痴を話したり、ときには友人・知人・家族にお世話を手伝ってもらったりして心身ともに健康に過ごせるように工夫するようにしましょう。

今はつらいかもしれませんが、愛情を込めて介護すれば、必ずフクロモモンガにもそれが伝わることでしょう。

飼い主側のストレスケア

未知のものに立ち向かうために相談相手を見つけよう

生き物として未知の部分も多いフクロモモンガ。なにかあった際の相談相手を見つけましょう。

いつ何があるかわからない

フクロモモンガが日本国内で飼われ始めたのは２０００年代初期の頃だとされています。ですので、犬や猫といった人間と共に暮らして長い歴史を持つ動物とは違って比較的新しく未知の部分も多い動物だと言えます。

しかし、飼い主となったからにはその個体の生活、その生命すべてに責任を持たなければなりません。一緒に生活をする上では当然のことですが、気をつけていてもいつ突発的なケガや病気を発症するかわかりません。また、飼育する上での課題や悩みも尽きません。

確かな相談相手やコミュニティを持つことの大切さ

突発的に、あるいは予期せぬ病気の発症や体調の変化に遭遇したとき、適切な行動をとれる飼い主であればいいのですが、その多くは焦ったり戸惑ってしまったりして冷静ではいられません。そのようなときに、相談相手や専門のコミュニティに所属していれば、必要な情報や心強いアドバイスを受けることができるでしょう。

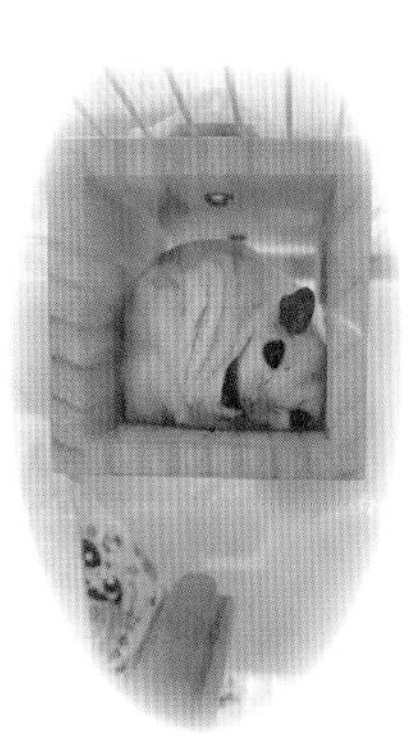

コミュニティを通じて得られること

信頼できるコミュニティに参加していると、他の飼育者との交流を通じて経験や知識を 共有することができます。これにより、問題の解決や新しい情報の入手ができます。また、同じ関心を共有する仲間がいることで、困難なときや飼育で悩んでいるときに助けや励ましを受けることができます。言わば、共感し合える環境を自らつくり出すことができるのです。それと同時に、仲間がいることで、孤独感が軽減され、安心感を感じることができます。未知のものには一人の力ではなく集団（コミュニティ）の力で対処することがおすすめです。

自分に合った相談相手やコミュニティの探し方

まず相談相手を探すおすすめの方法としては、信頼できる獣医さんやペットショップを探しておくことが大切です。また、その獣医さんやペットショップのもとに集まっている方々と交流する機会が持てるとより心強いネットワークができるでしょう。また、SNSなどで飼育者個人やショップが主宰するフクロモモンガを対象とした同好会的なネットワークや専門的なコミュニティも複数ありますので、そうした集まりもチェックしておくといいでしょう。

なお、そうしたコミュニティに参加する際は、どのような人が主宰しているのか、事業者などのスポンサーはついているのか、入会や入会後の会員の維持に費用はかかるのかなどをチェックしておきましょう。理想的なコミュニティのあり方としては、スポンサーに左右されない独立系で、儲けを追求するような商業主義ではなく、運営費を賄うために少額の会費を徴収する程度のしっかりしたコミュニティが望ましいです。

ポイント 54

災害時の対応

あらかじめ避難の準備をしておこう

いつなんどき襲ってくるかわからない自然災害。大切なフクロモモンガを守るために防災対策をしておきましょう。

飼い主が自発的にフクロモモンガを守ろう

日本は他の国に比べて地震や台風などの災害が多い国です。

災害時に備えて、フクロモモンガと避難する方法を知っておきましょう。

まずは、事前に自分が住んでいる地域の避難場所を確認し、避難経路をチェックします。そして、人とフクロモモンガの避難グッズを用意してください。

フクロモモンガの避難グッズは最低でも1週間分ほど用意しておくことをおすすめします。

フクロモモンガが好きな食べ物を把握しておこう

フクロモモンガは、ストレスでまったく食べ物を食べなくなってしまうこともあります。

そうならないように、日頃から飼っているフクロモモンガの好物をできるだけたくさん把握しておき、災害時には好物を与えて、しっかりと食事ができるようにしましょう。

日頃から防災訓練を行う

災害に備えて日頃から、何分でフクロモモンガをキャリーに入れられて何分で家を出られるのか時間を測って、防災訓練を行うのもいいでしょう。

緊急時にフクロモモンガを動物病院に連れて行くときの練習にもなりますし、いざというときにも慌てずに行動できるかもしれません。

避難用のキャリー

避難所で長時間過ごすことを考えると避難用キャリーはボトルをつけられるタイプで、フクロモモンガが脱走しないような頑丈なものを選ぶといいでしょう。

また、万が一のことを考えてキャリーに連絡先を書いた名札をつけておくことをおすすめします。

避難時の持ち物

すぐに持ち出せるように、以下の避難グッズを事前に用意しておくと、万が一の時でも安心です。

- □持ち出し用の小型キャリー
- □ふだんから使っている寝床
- □給水ボトル
- □ビニール袋
- □飼育日記
- □食料(約1週間分)
- □飲み水
- □ペットシーツ
- □新聞紙
- □ウエットシート
- □動物病院の診察券

また、SNSなどでフクロモモンガの飼い主同士で連絡を取り合い、随時情報交換を行うといいでしょう。

ポイント 55

フクロモモンガとのお別れ

お別れのあとをどのように弔うかを決めておこう

命の終わりは必ず来ます。
その日を迎えるときのために、飼い主が心得ておくことがあります。

感謝の気持ちでさよならを

とても悲しいことですが、いつかは可愛いフクロモモンガとさよならをいわなければいけない日が訪れます。

愛するフクロモモンガが旅立つ日まで、後悔のないように愛情を持って接し、最後は感謝の気持ちを持って温かく見送りましょう。

フクロモモンガも、天国から飼い主がいつまでも悲しんでいる姿を見るのよりも、幸せに過ごしている姿を見たいはずです。

また、万が一自分になにかが起きた場合を想定して、フクロモモンガをどうするかを考えてノートに残しておきましょう。

フクロモモンガを自宅の庭に埋める場合

自宅に庭がある場合は、庭に埋葬することができます。

ペット葬儀屋さん選びの心得

動物の火葬業者には基本的に法的規制がありません。ですので、以下の心得を基本とし、ペット葬儀屋さん選びは慎重に行うことが大切です。

その１ １社だけではなく複数の葬儀屋さんに見積もりを取ること

その２ 見積もり依頼の際は、ペットの種類、大きさなどの必要情報を伝え、オプション料金を含めた総額を書面で確認すること

その３ 知人に経験者がいれば相談すること

その４ お寺などがある場合は、生前に一度は足を運んでおくこと

なるべく40㎝以上の深い穴を掘って十分な量の土をかけます。

穴の深さが浅い場合はなにかの拍子で出てきてしまったり、他の野生動物が臭いを嗅いで掘り出してしまったりする可能性があるので注意しましょう。

葬儀をお願いする場合

ペット葬儀屋さんに火葬をお願いする場合は、複数のペットと一緒に火葬を行う合同葬儀、単独で火葬を行う個別葬儀、飼い主や家族が祭壇の前で最後のお別れをして火葬を行う立ち会い葬儀などさまざまな種類があります。

ペット葬儀屋さんとよく相談して、気になることがあったらすぐに確認してください。

そして、自分の気持ちや予算をよく考えて葬儀の方法を決めるようにしましょう。

亡くなる前の経緯や病気の症状を報告しよう

もしも、かかりつけの動物病院があったら、亡くなる前の経緯や病気の状態を記録して、かかりつけの獣医師に報告しましょう。

また、亡くなる前の状況をSNSなどで多くの人に共有してみてください。それが同じような病気や症状を持つフクロモモンガを助けられる貴重な手掛かりになるかもしれません。できれば、その個体のデータが、今後の治療に生かせるように、獣医師に病理解剖検査を依頼することをおすすめします。

Check!

ペット葬儀屋さんにお願いする前に確認したいこと

フクロモモンガの火葬をペット葬儀屋さんにお願いする前に
下記のことを確認しておきましょう。

・ホームページ上で過去にフクロモモンガを火葬した実績があるかを確認
・ペット葬儀屋さんの口コミ情報
・火葬代にお迎え費用（出張費）は含まれるか否か
・土日祝も対応してもらえるのか？　追加料金は必要か？
・葬儀後にかかる費用はどうか？

おわりに

命あるものは必ず死を迎えることを受け入れる

家族の一員として接してきたフクロモモンガを失うとき、その悲しみは深く、非常に辛い時期を過ごすことと思います。その悲しみや喪失感は、言葉では表現しにくいほどのものでしょう。常日頃から愛情を注いできたフクロモモンガとの絆は、言葉ではなく心で感じられるものであり、その絆が失われるとき、それはまるで自身の一部分を失ったような感覚なのではないでしょうか。

決して慰めの言葉にはならないかもしれませんが、命あるものは必ず死を迎えます。そのとき後悔の念を感じるのか、あるいは、お互いによい時間を過ごせたと思えるのか、その死という現実とどのように飼い主が向かい合っていけるのかは人それぞれです。

「生老病死」を受け入れることが大事

動物を飼育するとは、その大切な動物の「生老病死」に接することであり、その過程を受け入れることで、飼い主自らが成長する機会にもなるのではない